IC-Experimentier Handbuch

Quellennachweis

Wir danken den folgenden Firmen für die freundliche Unterstützung bei der redaktionellen Arbeit für dieses vorliegende Buch:

Fa. AEG -Telefunken , Heilbronn
Fa. Astronic , München (Ferranti und Silicon General)
Fa. Spezial Electronic KG , München
Fa. National Semiconductor , Fürstenfeldbruck
Fa. Electronic Arrays GMBH , München
Fa. Atlantik Elektronik GMBH, München (EXAR)
Fa. General Instruments , München

Weitere verwendete Unterlagen:

Motorola Applikationsberichte
Texas Instruments Datenblätter und Datenbücher
Natinal Semiconductors Datenbücher

Ganz besonders möchten wir der Zeitschrift "electronic hobby" Kloten (Schweiz) für die Unterstützung danken.

Redaktionelle Mitarbeit: Kurt Diedrich
Text: Josefa Maier

ISBN 3-921682-19-3

Inhaltsverzeichnis

Vorwort

Einführung:

Dadurch, daß wir heute in fast allen Lebensbereichen mit Computern, bzw. Mikroprozessoren zu tun haben, wird das Interesse an der Digitalelektronik immer größer.

Das Ihnen hier vorliegende Buch trägt mit seinen elementaren Schaltbeispielen aus dem Hobbybereich sowie mit praxisnahen Applikationen aus der digitalen Industrieelektronik wesentlich zum Verständnis dieses neuen Trends bei. Zu Beginn wird der Leser mit einfachen und nachbausicheren Digitalexperimenten vertraut gemacht. Im weiteren folgen elektronische Musiksynthesizer-Schaltungen, Digitalvoltmeter, Zählerschaltungen und viele andere hochinteressante Anwendungsbeispiele. Dieses Buch wird Ihnen zu jeder Zeit ein wertvolles Nachschlagewerk und Anleitungshandbuch sein, insbesondere, wenn es darum geht, beim Hobby und in der Praxis nicht routinemäßige Schaltungsprobleme zu lösen.

München Herbst 1977

Experimente Digitaltechnik

Experimente Digitaltechnik

Doppelblinkschaltung mit 74123

Mit einem monostabilen Multivibrator (74123) läßt sich auf einfachste Weise eine sehr praktische Blinkschaltung aufbauen.

Anwendungsbereich: Richtungsblinker, Warnblinker, bei Kaskadierung läßt sich sogar ein Lauflicht aufbauen.

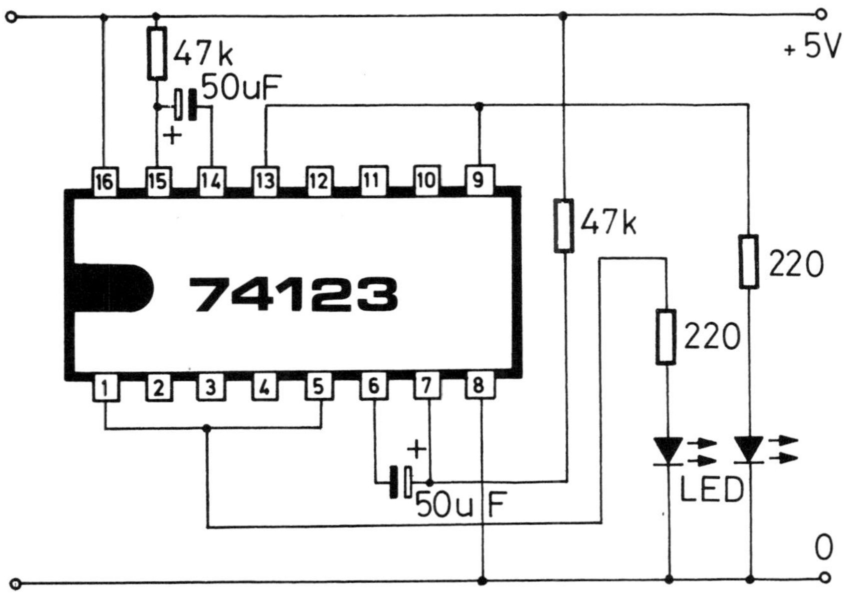

Die Blinkfrequenz wird durch die 47 kΩ Widerstände und die 50 uF Kondensatoren festgelegt. Durch Verändern dieser Werte kann die Frequenz und die Symetrie verändert werden. Die Schaltung hat einen wesentlichen Vorteil dadurch, daß sich mehrere Stufen in Reihe schalten lassen.

Die Verbindung zwischen 1 und 5 wird aufgetrennt. Pin 5 der ersten Stufe wird mit Pin 1 der folgenden Stufe verbunden. Am Ende der Reihe wird dann Pin 5 des letzten IC-Bausteines mit

Pin 1 des ersten Bausteines verbunden. In dieser Verbindung werden alle Dioden nacheinander aufleuchten. Die Leuchtdauer wird dann von der Zeitkonstanten RC der jeweiligen Bausteinhälfte bestimmt.

Die Schaltung kann als preiswertes Lauflicht verwendet werden.

TTL-Folgegenerator

Die nachfolgende Schaltung stellt ein hochinteressantes Lehr- und Lernobjekt dar. Weiterhin lassen sich viele praktische Anwendungen aufbauen.
(Musiksynthesizer, Lauflicht, Folgegenerator, programmierbarer Rechteckgenerator etc.)

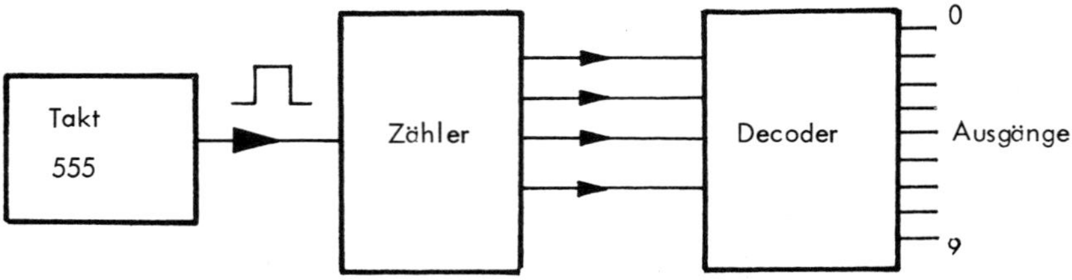

Im folgenden Schaltbild zeigen wir Ihnen die Basisschaltung, die beliebig erweitert werden kann.

Die Ausgänge des BCD zu Dezimal-Decoders Pin 1 - 7 und 9 - 11 liefern nacheinander einen Impuls. Mit diesem Impuls können Sie eine Lichterkette steuern oder je nach Frequenz des Taktgenerators als Diebstahlsicherung in Ihrem Haus die Lampen in verschiedenen Räumen ein- und ausschalten.

Relais

Jeder Ausgang kann eine solche Relaisschaltung treiben.

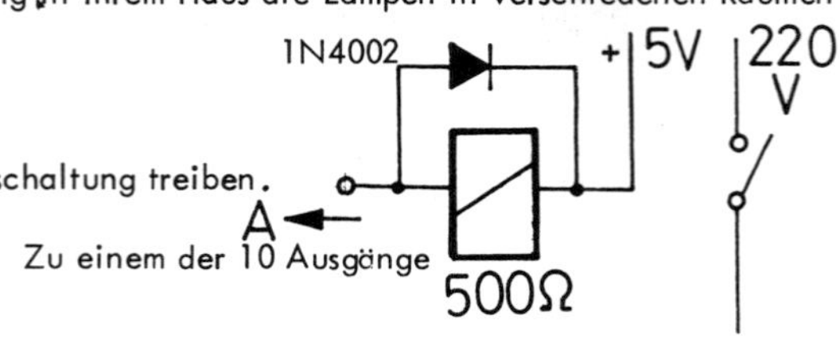

Schaltungsbeschreibung:

Der Zeitgeberbaustein 555 ist als Taktgenerator geschaltet. Er liefert seine Ausgangsimpulse an den BCD-Zähler 7490. Der Zähler steuert den BCD/Dezimal Decoder an. An den Dezimalausgängen geht der entsprechende Ausgang auf Low = log. "0" = L.

Die Ausgänge des BCD/Dezimaldecoders können nach Belieben parallel geschaltet werden. Man kann damit verschiedene Effekte erzielen.

Für die Schaltungsprüfung können wir unseren Logiktester verwenden.

TTL-Folgegenerator-Schaltung

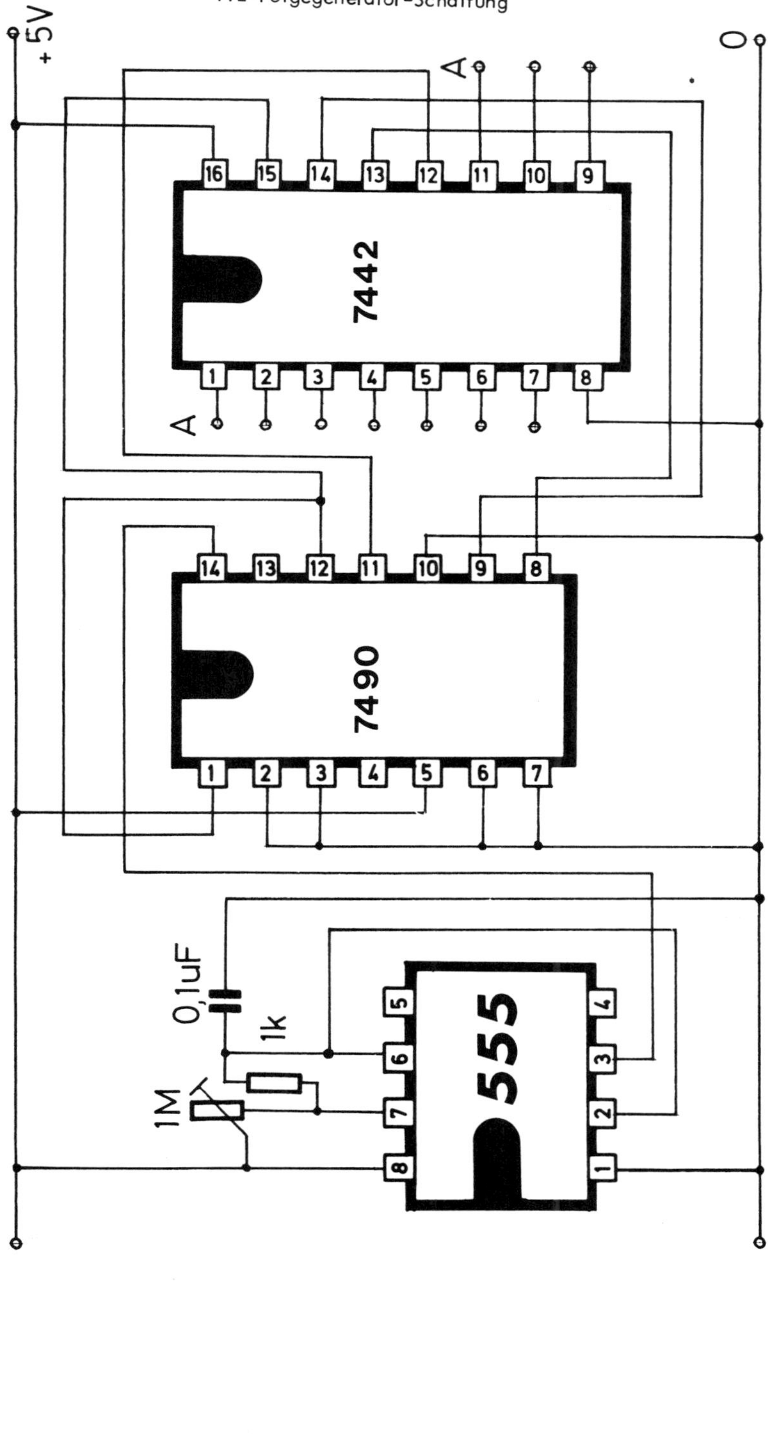

Erzeugung von Setz- und Rücksetzimpulsen

Mit der folgenden Schaltung können Sie nach dem Einschalten der Betriebsspannung einen Impuls erzeugen.

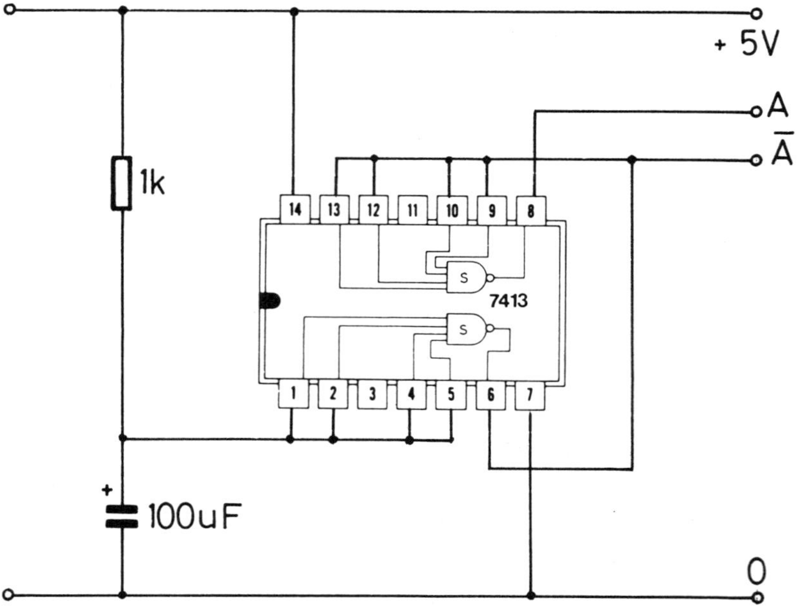

Super Logik Tester

Einen Logik-Tester, der neben den beiden logischen Pegeln auch Impulse erkennen kann, zeigt die nachfolgende Schaltung. Die Impulse können auch gespeichert werden.

Der Impuls bleibt so lange im Speicher, bis der Resetschalter umgelegt wird. Dann befindet sich die Testschaltung wieder im pulsierenden Zustand. Nach Eintreffen des nächsten Impulses wird die Pulsanzeige blinken.

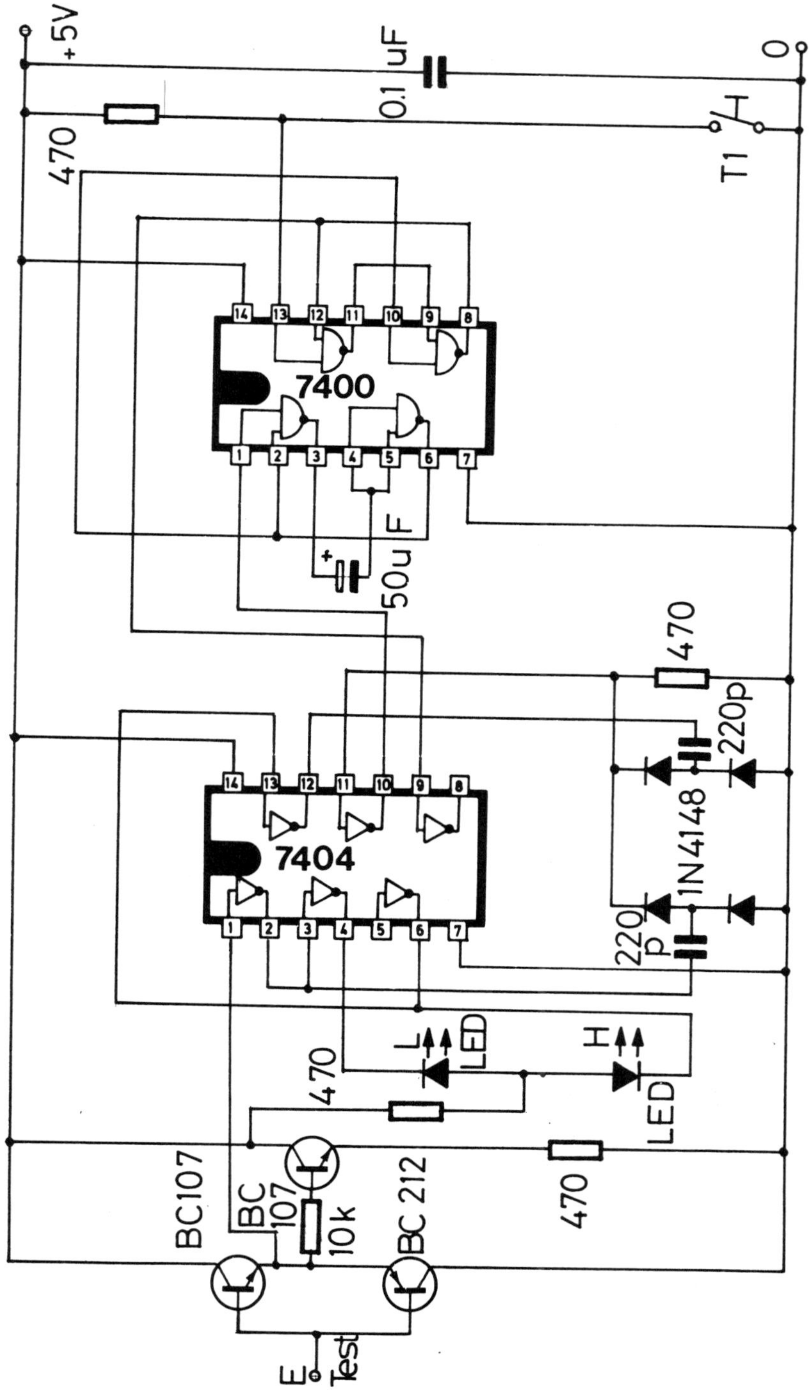
+5V
0.1 uF
0
470
T1
7400
50uF
470
220p
7404
1N4148
220 p
L
LED
H
LED
470
470
470
BC107
BC 107
10k
BC 212
E
Test

Einfacher Taktgenerator mit 74123

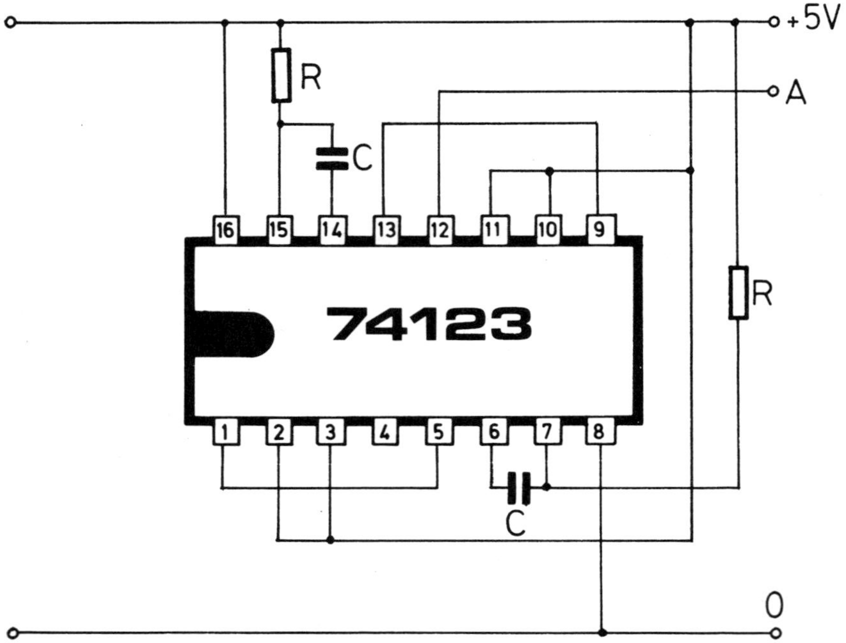

R = 12 k
C = 120 pF

Mit den Widerstandswerten R = 12 kΩ und den Kondensatoren C = 120 pF ergibt sich eine Ausgangsfrequenz von 1 MHz.

Die Schaltung ist sehr temperaturstabil und eignet sich bestens als Taktgeber für Mikroprozessorsysteme.

C kann im Bereich von 100 pF bis 100 uF und R von 5 kΩ bis 50 kΩ gewählt werden. (Frequenzbereich 1 Hz - 5 MHz)

Bei Elektrolytkondensatoren muß parallel zum Kondensator eine Diode (1 N 4148) gelegt werden.
Die Impulsfrequenz berechnet sich ungefähr nach der Formel

$$f = \frac{1}{0,35 \cdot RC}$$

Start-Stop Oszillator mit 74123

Start–Stop Oszillator mit 74123

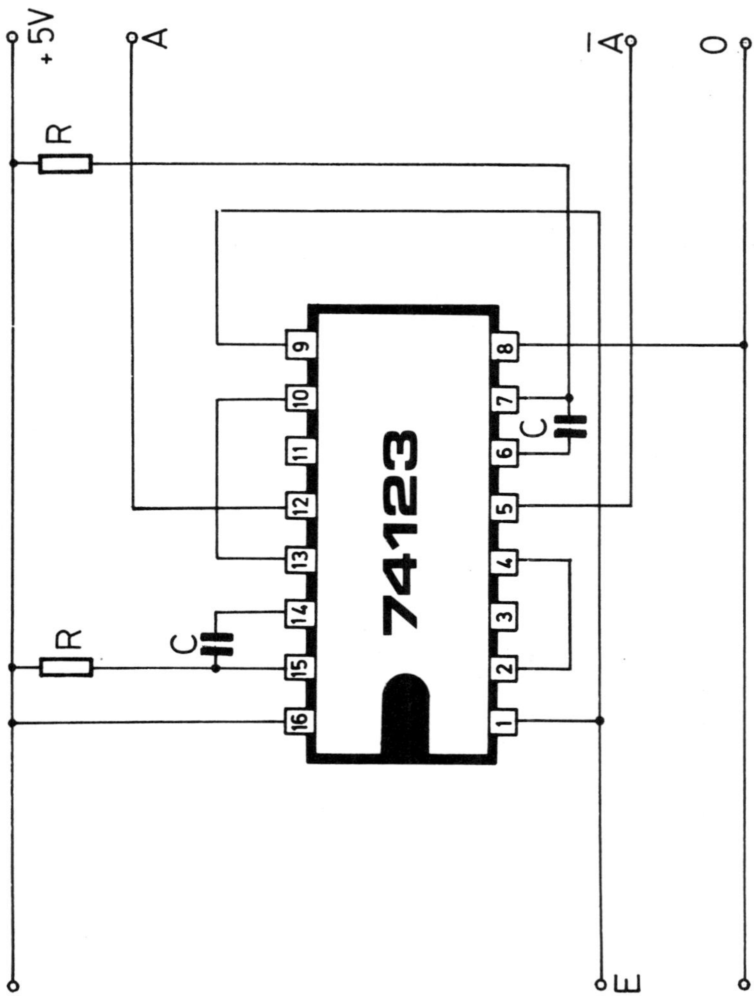

R = 12 KΩ
C = 0,1 uF
f = 1 KHz

L am Eingang E = Takt
H am Eingang E = Stop

Folgeschaltung mit 74154

Folgeschaltung mit 74154

Diese Folgeschaltung kann für die verschiedensten Anwendungen eingesetzt werden. (Lauflicht, Programmschalter, etc.)
Als Taktgenerator kann jeder TTL-Oszillator verwendet werden. Frequenz je nach Einsatzart.

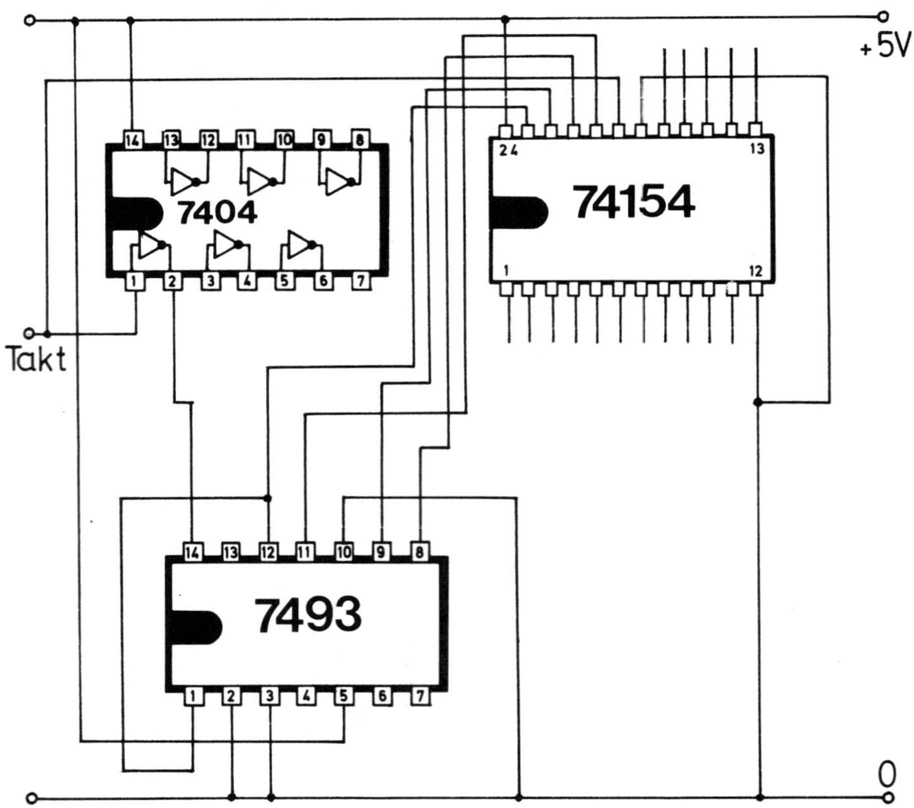

Die Ausgänge liegen im Ausgangszustand auf log. "H" und gehen nacheinander für die Dauer eines Clockimpulses auf log. "L". Benötigt man positive Ausgangsimpulse, kann man diese über 7404 Inverter leiten. Prüfung kann mit Logiktester erfolgen.

Elektronischer Würfel mit 74143

Elektronischer Würfel mit 74143

Der integrierte TTL-Schaltkreis 74143 eignet sich ausgezeichnet zum Aufbau eines Würfels, da wir nur ein Minimum an Bauteilen benötigen. Der Baustein 74143 enthält einen BCD Zähler, ein 4 Bit-Latch (Zwischenspeicher) und einen Decoder / Treiber mit stromkontrollierten Ausgängen für Siebensegmentanzeigen.
Wir benötigen keine Widerstände.

Das Rücksetzen geschieht über den leeren 4-fach NAND-Schmitt-Trigger im 7413 Gehäuse. Ist der Zähler auf 111 angelangt, erfolgt die Rücksetzung. Die vier NAND-Eingänge sind nun auf log. H = High, am Ausgang des 4-fach NAND-Gatters erscheint log. "0" = L = Low. Der Zähler wird auf 000 gesetzt. Der Gatterausgang geht wieder auf log. "H", der Zähler kann weiterzählen.

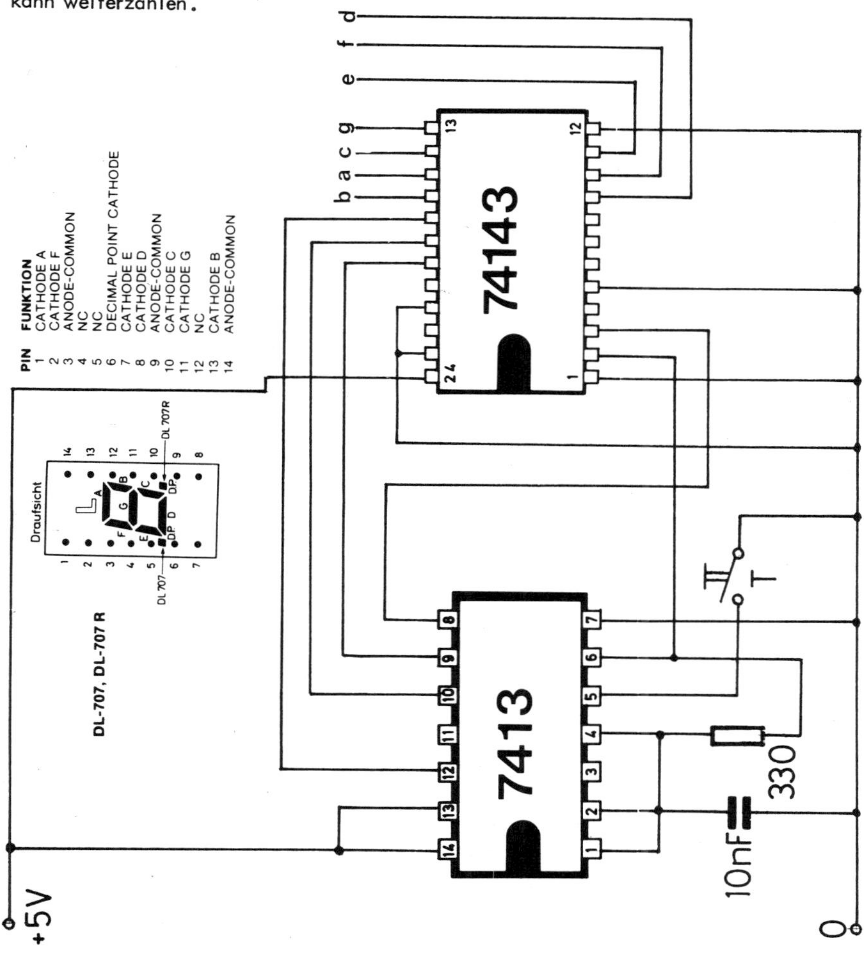

Elektronischer Lottozahlengenerator

Betätigt man den Schalter S1, beginnt die Ziehung. Nachdem der Schalter wieder losgelassen wird, erscheint eine Zahl zwischen 0 und 49.

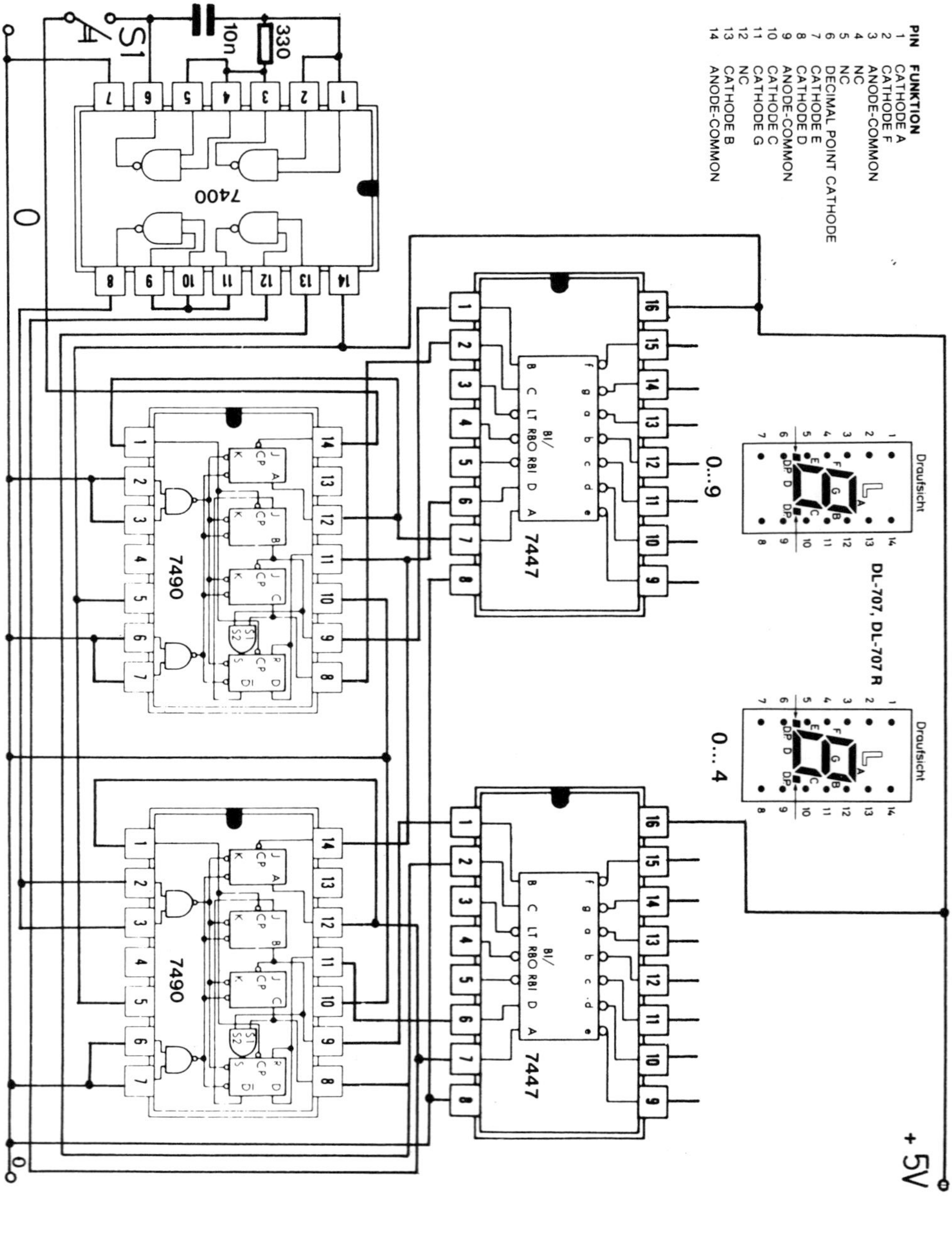

Zählerbaustein 8240/50/60

Die Zählerbausteine 8240/50/60

Von vielen Herstellern kann man heute bereits hochkomplexe Zähler- und Zeitgeberbaustei ne beziehen. Die Zählerschaltungen von Intersil aus der Serie 8240/50/60 sind heute bei vielen Fachhändlern erhältlich und es lassen sich damit sehr interessante Schaltungen aufbauen.
Die Schaltung ist in einem 16 Pin DIL-Gehäuse untergebracht und kann an Versorgungsspannungen zwischen 4 und 18 Volt angeschlossen werden.

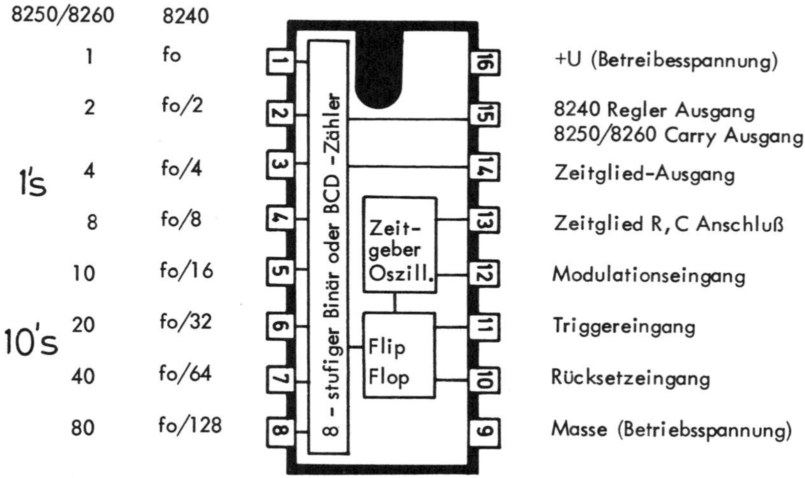

Der Schaltkreis enthält einen Oszillator, Zähler und eine Controllogik. Der Oszillator kann mit einem externen R/C Glied auf die gewünschte Frequenz eingestellt werden. Es ist jedoch auch eine externe Taktsteuerung möglich. Die Zählerausgänge haben einen offenen Kollektor und lassen sich leicht programmieren.

Der Zeitgeberbaustein 8260 ist speziell für genaue Verzögerungsschaltungen von einigen Sekunden bis hin zu mehreren Stunden geeignet. Der 8260 zählt bis 59 und hat einen Übertragausgang, der für eine Kaskadierung vorgesehen ist.

Der 8250 zählt bis 99 und eignet sich deshalb bestens für Dekadenzähler und kann durch einfache BCD codierte Schalter programmiert werden.

Der 8240 ist ein einfacher Binärzähler mit 8 Flip Flop-Stufen.

FREQUENZ SYNTHESIZER MIT 8240

Auf der nachfolgenden Seite finden Sie die Schaltung für einen extrem einfachen, jedoch recht brauchbaren Synthesizer. Der programmierbare Teiler im Baustein 8240 wird hier dazu verwendet, die von der Zeitbasis erzeugte Frequenz, in verschiedene Teilfrequenzen zu zerlegen.
Am Ausgang der Schaltung erscheinen, je nach Verbindung verschiedene Impulsfolgen.
Die Zeitdauer eines einzelnen Impulses richtet sich nach der Dimensionierung von R und C. T = RxC
Die Periode einer Schwingung ergibt sich durch die Verschaltung. Siehe gestrichelte Linien.
Je nach dem welcher Ausgang (Klemme 1-8) an die gemeinsame Leitung angeschlossen wird, ergibt sich eine andere Periodendauer.

Beispiel:
Die Ausgänge fo , fo/4 und fo/32 werden mit der gemeinsamen Leitung verbunden und über die Diode 1N 4148 zum Ausgang geführt. (Klemmen 1,3,6)
Es ergibt sich eine Periode von T(N + 1) wobei N = 1 + 4 + 32 = 37
Die Periode der Schwingung ist nun 38 x T

Auf diese Art und Weise können Sie die verschiedensten Frequenzen mit nur einer RC - Kombination erzeugen.

Der Kondensator C sollte 0,1 uF gewählt werden.

Bei einem Widerstand von 680 Ω ergibt sich eine Grundfrequenz von 15 kHz

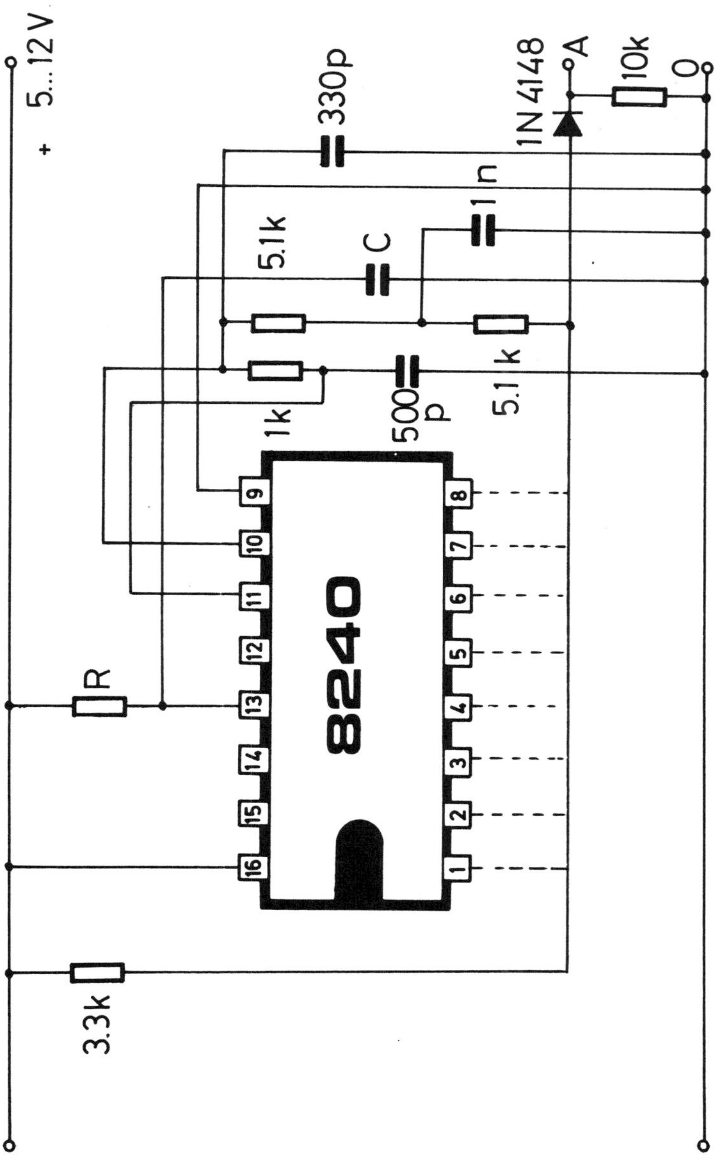

+ 5...12 V
330p
1N4148
A
10k
0
1n
5.1k
C
R
1k
500p
5.1 k
8240
3.3k

Lottozahlengenerator

Lottotronic

Das musste kommen, nach dem Tototronic jetzt auch das Lottotronic. Was die Totofreunde elektronisch lösen, können jetzt auch die Lottoanhänger. Da aber jetzt Zahlen zwischen 1 und 40 gewünscht werden, brauchen wir 7-Segment-Anzeigen, der Bausatz kommt also etwas teurer zu stehen als derjenige des Tototronic.

Funktion

Für das Schweizer Zahlenlotto ist ein Aufbau eines Zählers erforderlich, der von 1 bis 40 zählt. Wir brauchen deshalb 2 Zählereinheiten mit Decoder-Treiber und Anzeige. Die Zähler sind so programmiert, dass sie von 0 bis 39 zählen können. Die Zehnereinheit muss also nur bis 3 zählen können. Im BCD-Code sind dazu nur 2 Bits notwendig (A und B). Da im Schweizer Zahlenlotto die Zahl 00 nicht vorkommt, dafür aber die Zahl 40, muss ein Trick angewendet werden. Sobald der Zählerstand 00 wird, also beide Zähler auf 0 stehen, wird das 3. Bit der Zehneranzeige, das ja bekanntlich nicht von der Zählereinheit angesteuert wird, über eine entsprechende Verknüpfung (6faches Oder-Gatter mit Nand realisiert) mit «1» angesteuert. So erscheint automatisch anstelle von «0» in der Zehneranzeige eine «4». Der von uns vorgeschlagene Print lässt auch die Möglichkeit offen, das 3. Bit an den Zähler anzuschliessen. Anstelle der im Schema punktierten Brücken ist dafür nun die strichpunktierte Brücke einzusetzen. Die Verknüpfung kann weggelassen werden (IC 7404 und 7430). Nun kann man bis 49 zählen, allerdings erscheint hier ebenfalls «00».
Der Zähler wird angesteuert von einem Taktgeber, der mit 2 Nand-Gattern realisiert wird. Der Taktgeber tritt erst in Funktion, sobald die Taste gedrückt wird. Wird sie losgelassen, bleibt der Zähler stehen, und die Zahl kann abgelesen werden. Natürlich kann auch vorkommen, dass bei 6maligem Drücken die gleiche Zahl mehrmals vorkommt. Dann muss eben nochmals gedrückt werden. Dasselbe gilt auch für die Variante «6 aus 49», wenn «00» erscheint.

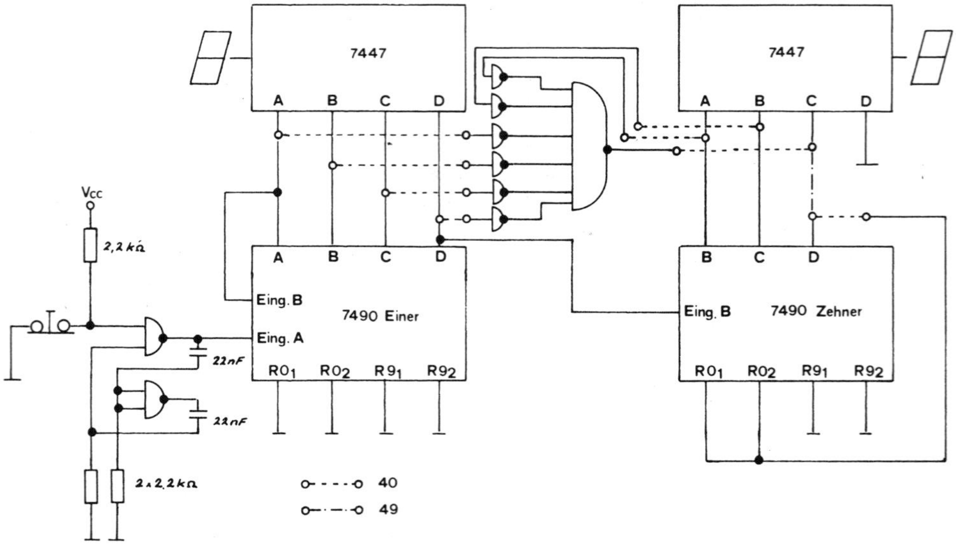

SPRAGUE
elektronik-hobby
Postfach 121
8302 Kloten
Schweizer Zahlenlotto
Loterie Suisse à numéros

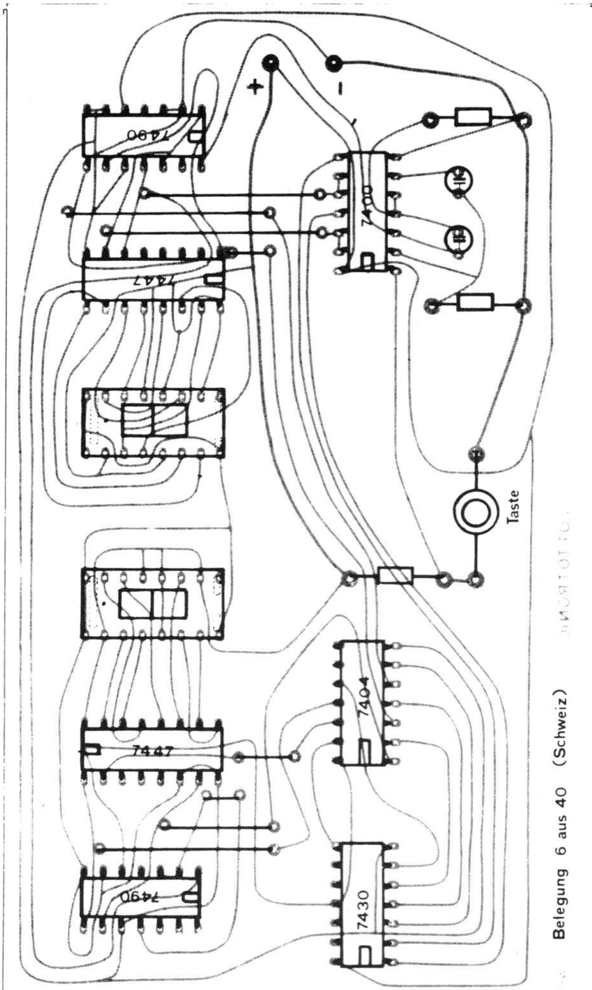

Belegung 6 aus 40 (Schweiz)

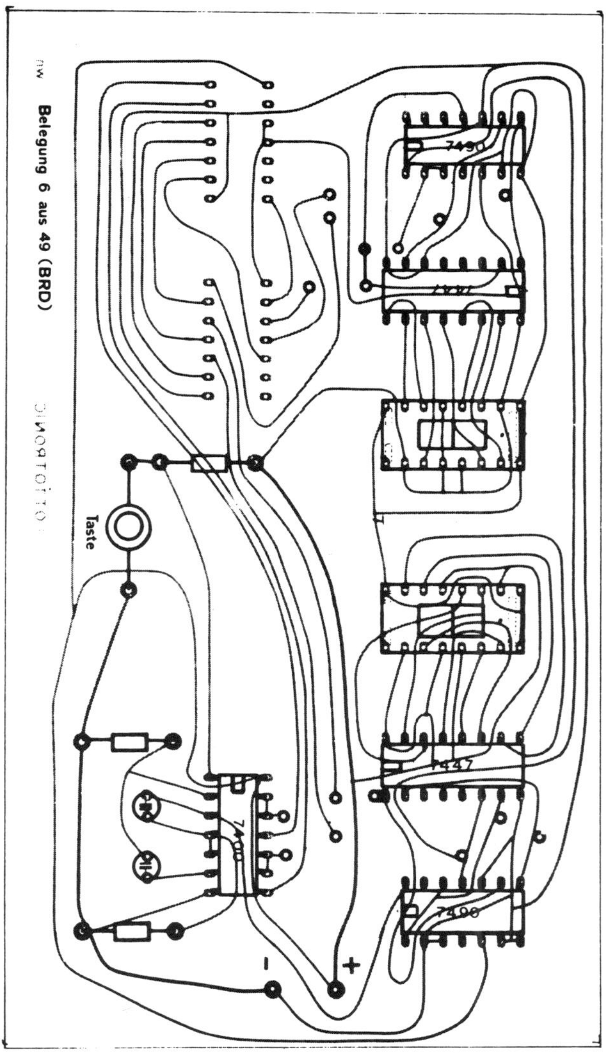
Belegung 6 aus 49 (BRD)
Taste
7490
7447
7400
7447
7490
-
+

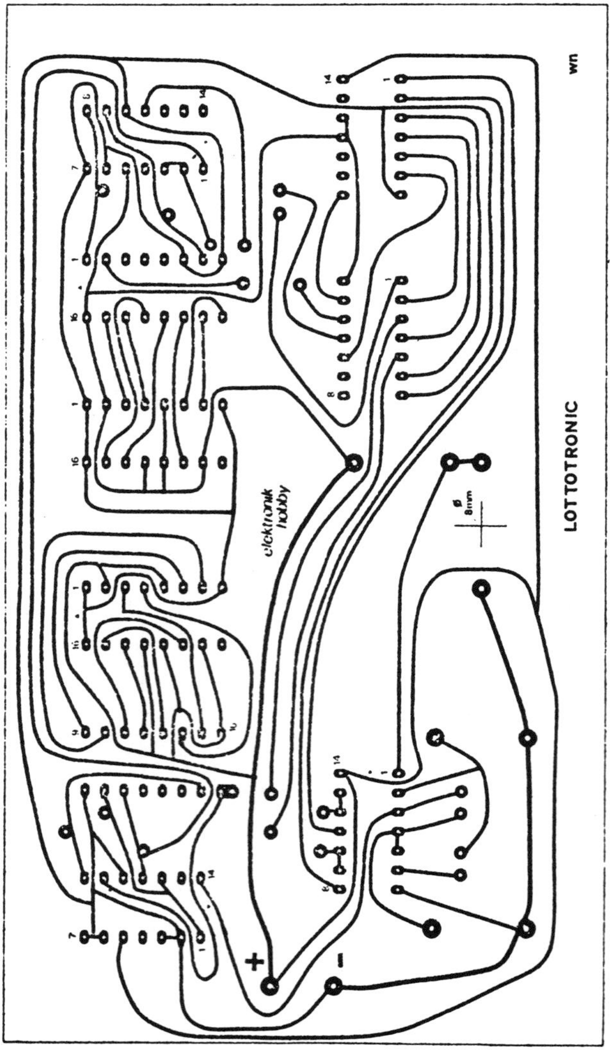

Stückliste Lottotronic

1 × Print «Lottotronic» gebohrt
2 × 7-Segment-Anzeige 3015 F
2 × Treiber-Decoder 7447
2 × Zähler-IC 7490
1 × Nand-IC 7400
2 × Kondensator 22 nF
3 × Widerstände 2,2 kΩ/¼ W
1 × Drücker (Aus)
1 × Schiebeschalter 2 × U (Ein-Aus)
1 × Batteriehalter für 4 × UM 3 mit Anschlussklips
1 × IC 7404
1 × IC 7430
Passendes Gehäuse: Profil 1005 (Masse 50 × 100 × 150 mm)

Elektronisches Unterhaltungs-spiel (Spielautomat SU 118)

Wer schon einmal in einem Spielsalon war, kann sicher ein Lied darüber singen, wie schnell das Geld ausgegeben ist. Und trotzdem hat man erst einige Male geflippert oder die «einarmigen Banditen» bedient. Doch halt! Jetzt sollen Automaten-Abende billiger werden, denn wir bauen uns einen eigenen. Wie die meisten Spielautomaten ist er kinderleicht zu bedienen. Es wird der Startknopf betätigt und der Spass kann beginnen. Sofort fangen die im Kreis angeordneten Leuchtdioden an, der Reihe nach aufzuleuchten. Der Stopp-Knopf ist dazu da, das Lichtspiel auf einer möglichst geeigneten Zahl anzuhalten. Die Zahl, der jeweils aufleuchtenden Leuchtdiode, wird addiert, und Sie können die Summe auf der Anzeige leicht ablesen. Ziel des ganzen Spieles ist es, die Summe 9 möglichst schnell zu erreichen. Ist dies der Fall, ertönt ein pulsierender Ton. Falls das nach 5 Versuchen nicht der Fall ist, muss das Spiel von neuem begonnen werden.
Nun wünschen wir Ihnen viel Spass mit Ihrem eigenen Spielautomaten.

Funktion

Unser Spielautomat ist auf 2 Prints aufgebaut, der Anzeige-Einheit SU 118a und der Elektronik SU 118b. Die Elektronik-Einheit liefert der Anzeige die nötigen Daten. Am Eingang T1 erhält der Ringzähler die Impulse für die Leuchtdioden, die von einem astabilen Multivibrator erzeugt werden. Der Ringzähler besteht in diesem Fall aus einem BCD-Zähler 7490 sowie einem BCD-Dezimal-Decoder 7442.
Jeder Leuchtdiode ist eine Zahl zugeordnet: 0, 1, 2 oder 4. Für die Auswertung dieser Zahlen werden die Data-Eingänge des ersten 74190-Zählers angesteuert. Dieser hat die Aufgabe, die entsprechende Anzahl Impulse dem zweiten 74190-Zähler zu liefern. Er ist deshalb als Rückwärts-Zähler programmiert. Sobald die Stopp-Taste gedrückt wird, am Stelleingang $\overline{S}$ also eine «0» anliegt, wird der Zähler auf die von der Anzeige-Einheit eingegebene Zahl gesetzt und beginnt nach Loslassen der Taste im Rhythmus des Zähl-Flip-Flops solange rückwärts zu

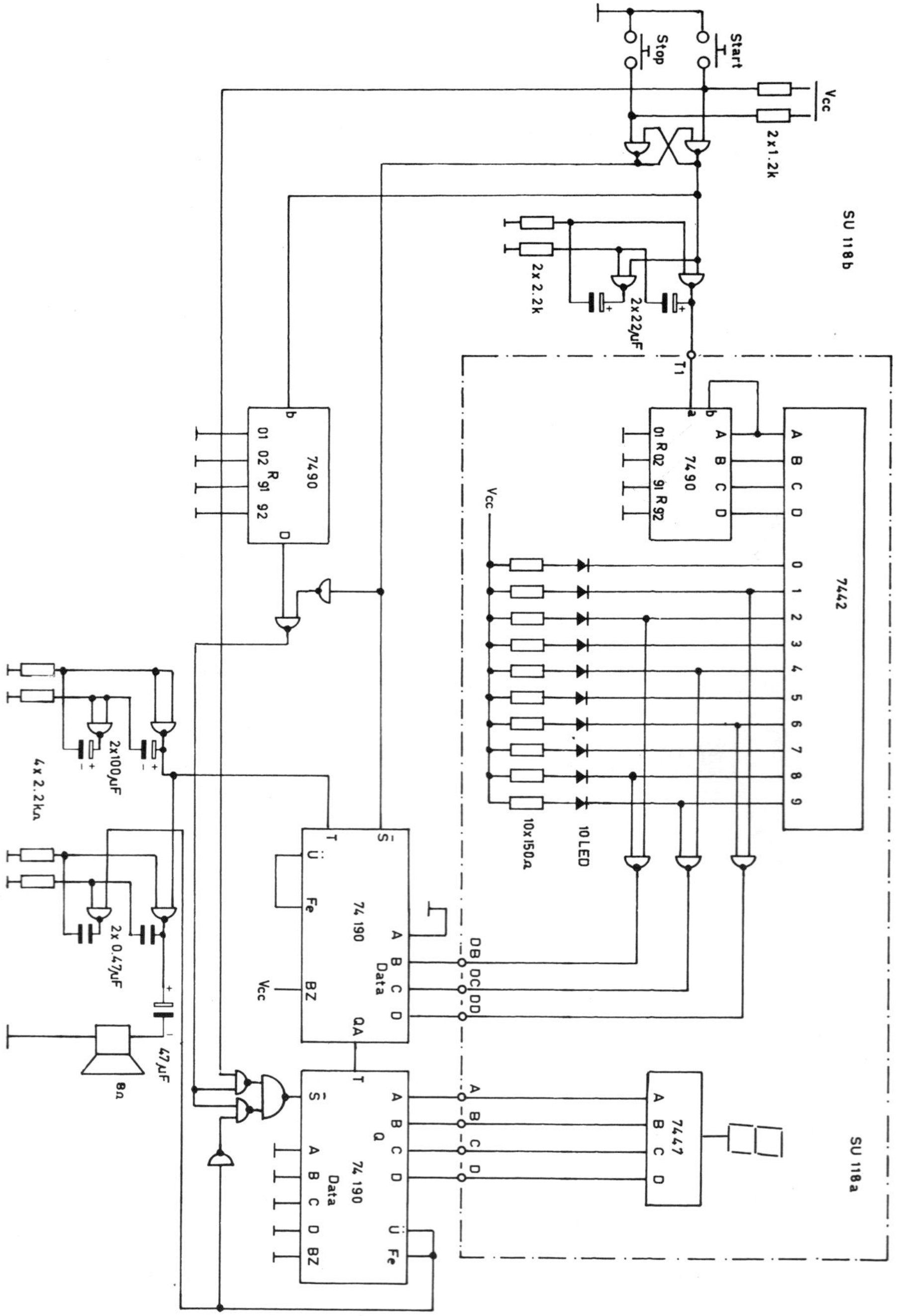
Start
Stop
Vcc
2x1.2k
SU 118b
2x2.2k
2x22µF
T1
7490
7442
Vcc
10x150Ω
10LED
4x2.2kΩ
2x100µF
2x0.47µF
47µF
8Ω
74190
Data
7447
SU 118a
DB
DC
DD

zählen, bis wieder «0» erreicht ist. Am Ausgang QA erscheint nun die Hälfte der Impulse, und sie werden für den Takt-Eingang des 2. Zählers benutzt. Dieser ist als normaler Vorwärts-Zähler codiert, der bei Erreichen der Zahl 9 stillsteht. Der Ausgang «Übertrag» liefert zugleich eine «1» für das Einschalten des NF-Flip-Flops, der zudem vom Zähl-Flip-Flop getaktet wird.
Der Stelleingang des 2. Zählers stellt diesen wieder auf «0» zurück. Dies kann in 2 Varianten auftreten, wenn die Zahl 9 erreicht ist und gleichzeitig die Start-Taste gedrückt wird oder wenn der Zähler 7490 auf der Einheit «b» bereits fünfmaliges Spielen registriert hat und zugleich die Start-Taste gedrückt wird. Der 2. Zähler 74190 schlussendlich liefert der Anzeige-Einheit im BCD-Code die nötigen Daten für die 7-Segment-Anzeige, die vom IC 7447 (BCD-7-Segmente-Decoder-Treiber) angesteuert wird.

Aufbau

Um die doch ziemlich aufwendige Elektronik auf kleinstem Raum unterzubringen, werden die beiden Platinen mit Abstandrollen aufeinandergeschraubt, die Anzeige-Einheit natürlich oben.
Die Verbindungen der beiden Prints sollten möglichst steckbar gemacht werden und mit Litzen ausgeführt sein, um ein einfacheres Auseinandernehmen bei einer eventuellen Fehlersuche zu ermöglichen.

Direkt eingelötete starre Drähte werden meistens abgeknickt und sind deshalb zu vermeiden.

Stromversorgung

Der Spielautomat SU 118 ist in TTL-Logik aufgebaut und erfordert deshalb eine stabilisierte Speisespannung von 5 V/DC, Stromaufnahme > 500 mA.

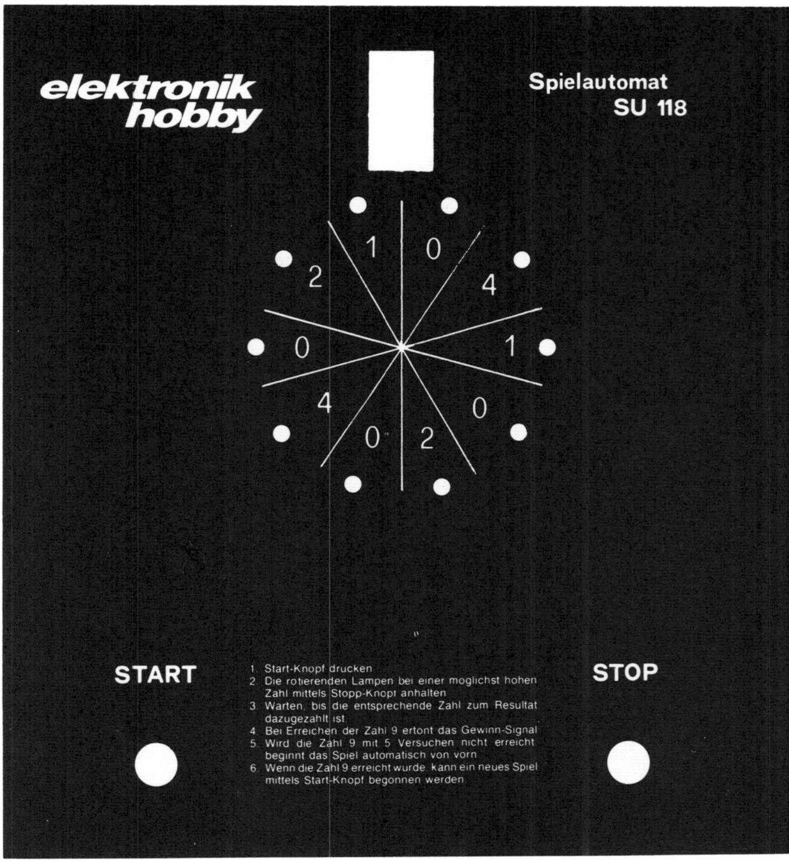

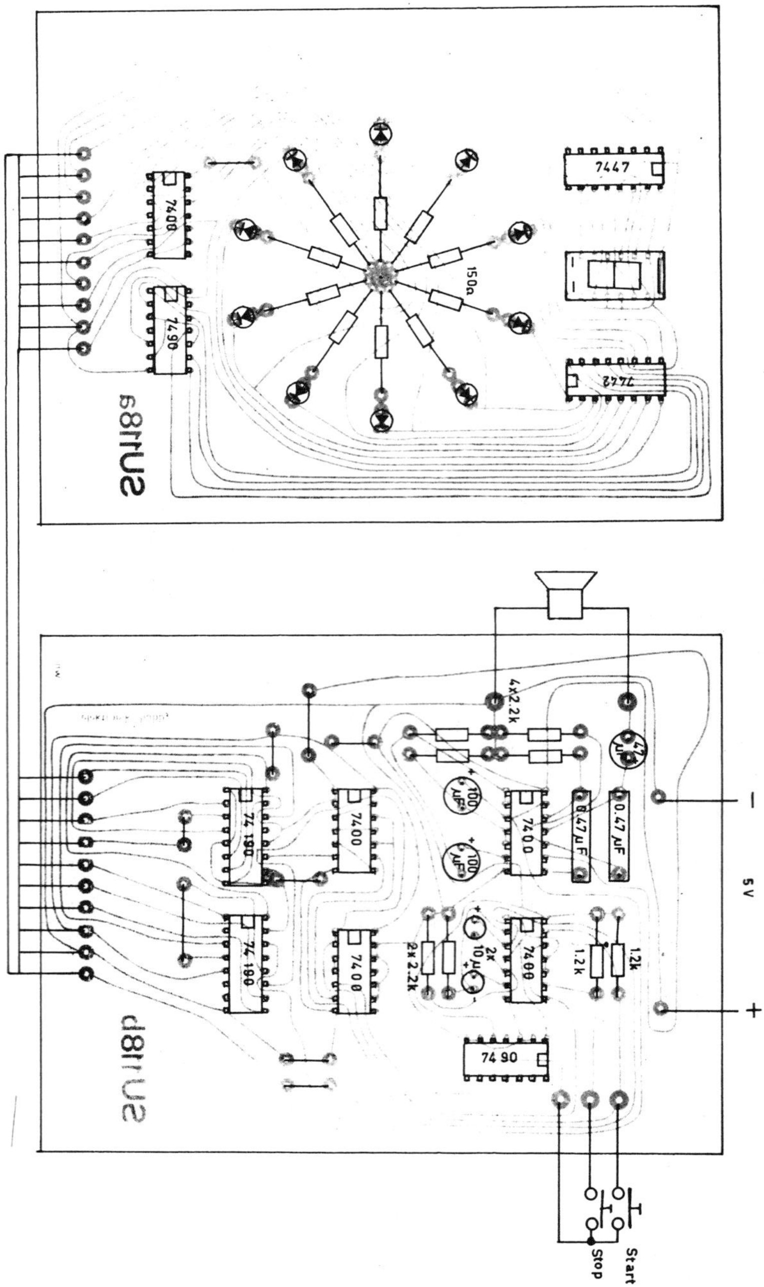
7447
7400
7490
7442
150Ω
4x2.2k
74 190
74 190
7400
7400
7400
7400
100 µF
100 µF
0.47 µF
0.47 µF
47 µF
2x 10µ
2x 2.2k
1.2k
1.2k
7490
5V
–
+
Start
Stop

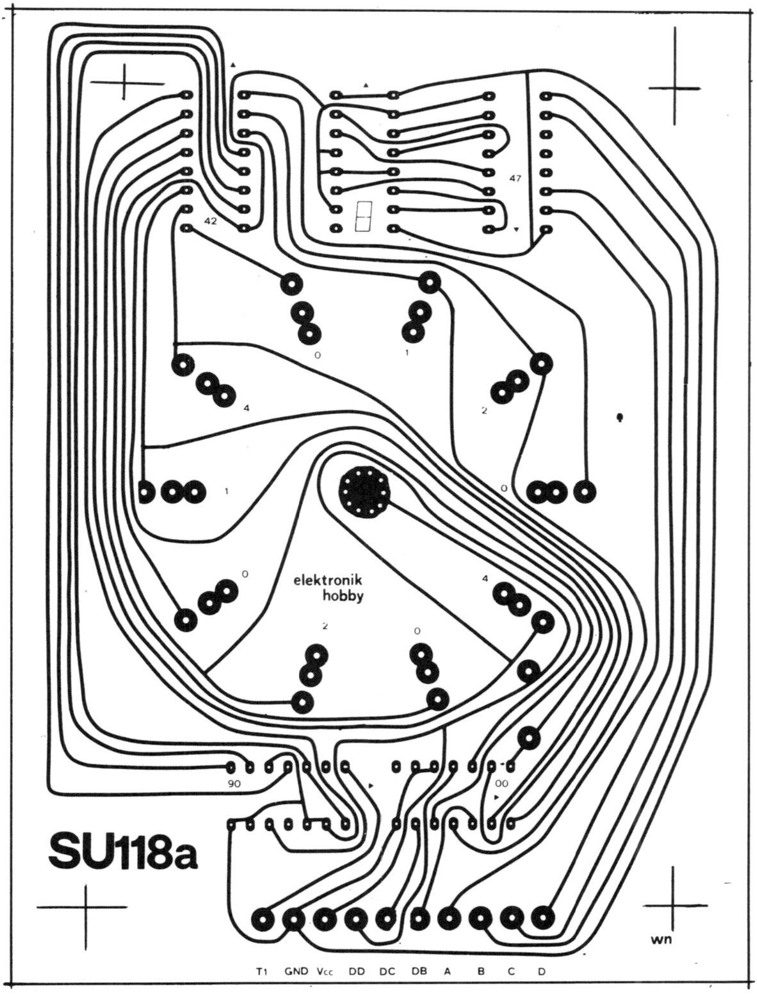

SU 118a

1 Print SU 118a
1 7-Segment-Anzeige 3015F
1 IC 7447
1 IC 7442
1 IC 7490
1 IC 7400
10 Leuchtdioden rot, 3 mm
10 Widerstände ¼ W, 150 Ω

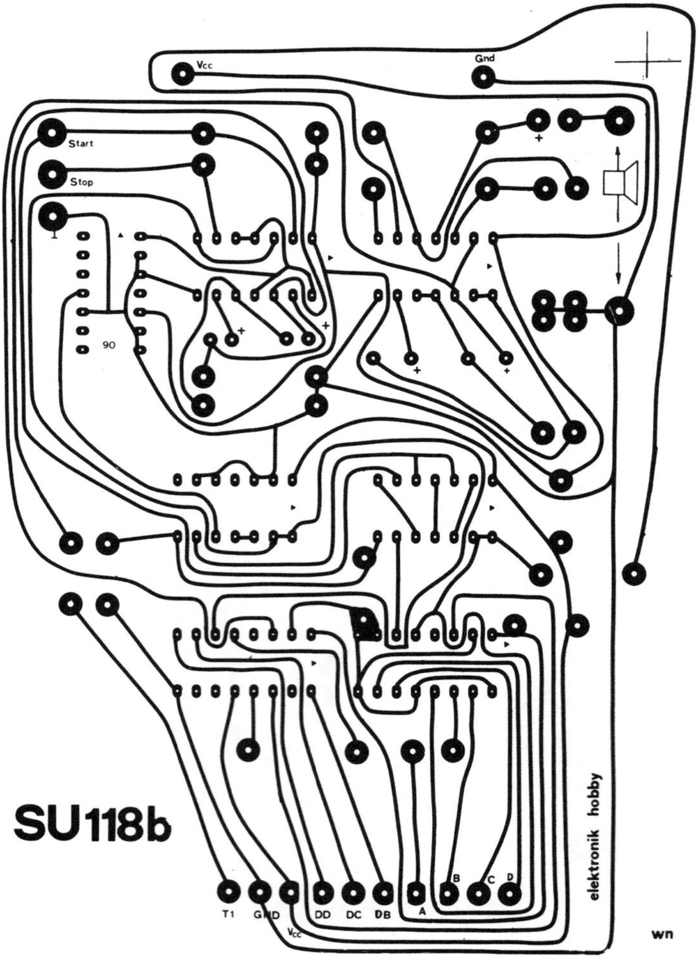

SU 118b

1 Print SU 118b
1 Lautsprecher 0,2 W, 8 Ω
2 IC 74190
1 IC 7490
4 IC 7400
2 Taster «ein»
1 Elko 47 μF/6,3 V
2 Elko 100 μF/6,3 V
2 Elko 10 μF/6,3 V
2 Kondensatoren 0,47 μF

6 Widerstände ¼ W, 2,2 kΩ
2 Widerstände ¼ W, 1,2 kΩ

4 Abstand-Gewinde-Bolzen 35-58-221
20 cm Flachbahnkabel 10 pol.
20 Steckschuhe 35-50-111 (Sack à 100 Stck.)
20 Lötstifte 35-50-110 (Sack à 100 Stck.)

1. Einleitung

Mit zunehmender Verbreitung elektronisch gesteuerter bzw. geregelter Geräte in den verschiedensten Anwendungsgebieten tritt immer mehr die Forderung nach möglichst rückwirkungsarmer Leistungsentnahme aus den öffentlichen Energieversorgungsnetzen in den Vordergrund.

Die wichtigsten Punkte dieser Forderung sind

- keine Leistungsfaktorverschlechterung
- keine Gleichstromkomponente im Lastkreis
- Einhaltung des Störgrades „N"
- Vermeidung von Flickererscheinungen*

Ein gangbarer Weg, diese Probleme in den Griff zu bekommen, besteht darin, möglichst im Nulldurchgang des Laststromes zu schalten und die Leistungsentnahme nach dem Prinzip der Schwingungspaketsteuerung vorzunehmen.

Da bei ohmscher Last Strom und Spannung in Phase sind, ist es naheliegend, für dieses weite Anwendungsgebiet ein spezielles Schaltungsprinzip, den Nullspannungsschalter einzusetzen. Hierfür kommt nur ein vollelektronisches Konzept mit Thyristoren bzw. Triacs als praktisch trägheitslosen Leistungsschaltern in Betracht, wobei die Eigenschaft dieser Bauelemente ausgenützt wird, erstens mit geringer Steuerleistung durchzuschalten und zweitens im Rhythmus der Netzfrequenz kurz vor jedem Stromnulldurchgang, wieder selbsttätig zu unterbrechen.

Im folgenden wird nun der monolithisch integrierte Triac-Ansteuerbaustein U 106 BS beschrieben, der den genannten Forderungen gerecht wird und eine ganze Reihe zusätzlicher Baugruppen enthält, die eine große Zahl verschiedener Anwendungen ohne zusätzliche aktive Bauelemente ermöglichen.

Die wichtigsten Merkmale sind:

- Einfache Stromversorgung AC/DC
- Vollwellensteuerung zur Vermeidung einer Gleichstromkomponente im Lastkreis
- Dauerkurzschlußfester 250 mA Impulsausgang
- Frequenzgangkompensierter Operationsverstärker
- Sägezahngenerator
- Hochohmige Geberüberwachung
- Definiertes Einschaltverhalten
- Zusätzlicher Dauerpulseingang (Möglichkeit einer 2-Schritt-Programmsteuerung)
- Pulssperre
- Referenzspannung
- Zusätzlicher Logik-Ausgang

* Flicker: Leuchtdichteschwankungen, hervorgerufen durch periodisches Schalten großer Lasten, am öffentlichen (Energieversorgungs-) Netz.

2. Kurzbeschreibung der Blockschaltung

Die Funktion der Schaltung läßt sich am leichtesten anhand des Blockschaltbildes (s. Anhang, **Bild B**) erläutern.

2.1 Versorgung

Der U 106 BS kann sehr einfach sowohl mit Wechselspannung (über einen Vorwiderstand und Diode direkt aus dem Netz) als auch mit Gleichspannung $-U_S = 7{,}3 \ldots 8{,}2$ V betrieben werden.
Eine **Spannungsüberwachung** bewirkt, daß die Vollwellensteuerung nur freigegeben wird, wenn die Betriebsspannung den zur Aufrechterhaltung aller Logikfunktionen benötigten Mindestwert übersteigt.

2.2 Impulsaufbereitung:

Während eines jeden Nulldurchgangs der über einen Synchronisierwiderstand an P 14 anliegenden Wechselspannung wird ein Impuls wählbarer Breite am Gatter G_5 der Ausgangslogik zur Verfügung gestellt.

Die aus den Gattern G_1 bis G_4, dem Halbwellendetektor und dem Speicher gebildete **Vollwellensteuerung** verarbeitet die Ausgangsinformationen von Synchronisierstufe, Spannungsüberwachung und Komparator dahingehend, daß immer nur eine gerade Anzahl aufeinanderfolgender Ausgangsimpulse abgegeben werden kann. Dabei beginnt die Impulskette immer mit der positiven und endet mit der negativen Halbwelle, so daß keine Gleichstromkomponente im Lastkreis auftreten kann.
Der **Impulsverstärker** liefert Impulsströme bis zu 250 mA und hat eine interne Strombegrenzung, so daß der Impulsausgang P 10 gegen Masse P 13 kurzschlußfest ist.

2.3 Impulssteuerung

Freie Beschaltbarkeit des intern frequenzgangkompensierten **Operationsverstärkers** ergibt zusammen mit dem hochohmigen Komparator die Möglichkeit der Realisierung von Regelungen auch mit unempfindlichen Istwertgebern und nur wenigen zusätzlichen Bauelementen.
Mit P 7 steht ein Steuereingang zur Verfügung, der es erlaubt, durch Anlegen einer definierten Spannung U_7, unter Umgehung der Komparatoreingangsinformation U_8 **Dauerpuls** zu erzwingen, solange U_6 einen vorgegebenen Grenzwert nicht überschreitet.
Bei direkter Verbindung des hochohmigen Eingangs P 11 der **Geberüberwachung** mit dem Istwertgeber, wird das Ausgangsgatter G_5 blockiert, sobald im Geberkreis eine Unterbrechung oder ein Kurzschluß vorliegt.
Zudem kann mit dieser Stufe der jeweilige Ausgangsimpuls in eine Pulskette umgewandelt werden, was speziell bei der Verwendung von Pulsübertragern zur Potentialtrennung von Steuer- und Lastkreis große Vorteile bietet.
Ein zusätzlicher Sicherheitskreis läßt sich mit Hilfe der **Pulssperre** realisieren. Bei niederohmiger Verbindung von P 12 mit Masse P 13, wird G_5 sofort verriegelt, so daß keine Ausgangsimpulse mehr abgegeben werden können.

2.4 Zusatzfunktionen

Der **Sägezahngenerator** ermöglicht Periodengruppensteuerung und Proportionalregelung auch bei einer Periodendauer bis zu etwa 200 s mit relativ kleinen und billigen Kondensatoren.
An P 5 steht eine **Referenzspannung** für Komparator und Operationsverstärker zur Verfügung, deren Pegel durch Beschaltung mit einem Widerstand verändert werden kann. (U_5 unbeschaltet typ. 5,1 V)
P 15 stellt einen mit 20 mA belastbaren **Ausgang der Vollwellenlogik** dar.

3. Schaltungsbeschreibung

siehe auch Gesamtschaltung, Anhang, **Bild A.**
Bezugspunkt P 13

3.1 Spannungsbegrenzung

Die Dioden Z_1, D_2 **(Bild 1a)** dienen der Spannungsbegrenzung

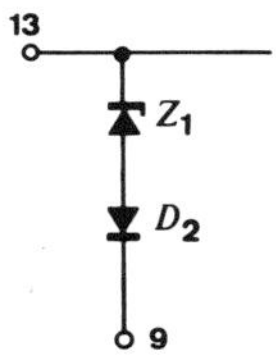

Bild 1a: Spannungsbegrenzung

3.1.1 Netzversorgung, Bild 1b

Der Vorwiderstand R_v errechnet sich aus der Netzspannung und der Stromaufnahme der Schaltung wie folgt:

Ruhestromaufnahme des IC	I_{SOmax} =	20 mA
Impulsausgangsstrom*	I_{Q10} =	1 mA
Gesamtstromaufnahme	I_S =	21 mA

$$R_v = \frac{U_1 - 8\,V}{I_v} \qquad (U_{Z1} + U_{D2} = 8\,V)$$

U_1 = Mittelwert der Gleichspannung bei Einweggleichrichtung = $0{,}45\,U_N$

Beispiel: $U_N = 220\,V \sim$, $U_1 = 0{,}45\,U_N = 99\,V$

$$R_v = \frac{99 - 8\,V}{21 \cdot 10^{-3}\,A} = 4{,}3\,k\Omega$$

*entspricht einem Impuls von 100 mA/100 µs

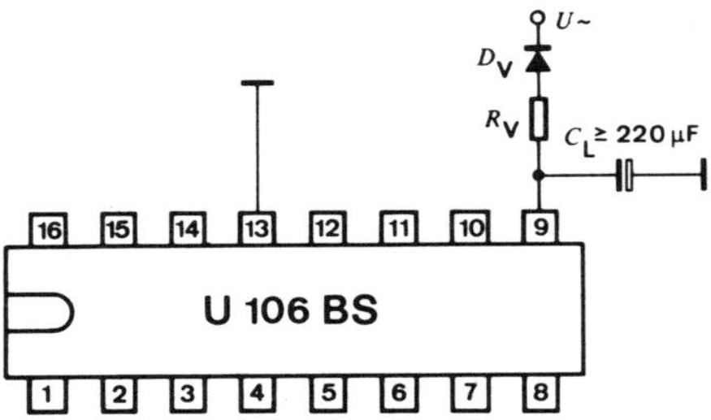

Bild 1b: Netzversorgung

Die Verlustleistung in R_V ergibt sich zu

$$P_v = \frac{(U_N - 8)^2}{2\,R_V} = 5{,}2\,W$$

Der Ladekondensator C_L bestimmt die Restwelligkeit der Betriebsspannung und damit die Energiedifferenz zwischen den jeweiligen Zündimpulsen für positive bzw. negative Halbwellen. Im Hinblick auf die Einweggleichrichtung sollte C_L daher möglichst groß gewählt werden.

Der Eingangswiderstand an P 9 beträgt

$R_i \approx 450\,\Omega$ mit $C_L = 220\,\mu F$ ergibt sich daher

$t_i \approx 450 \cdot 220 \cdot 10^{-6} = 99\,ms \mathrel{\hat{=}} 5$ Perioden.

3.1.2 Versorgung mit Gleichspannung, Bild 1c

Die Speisespannung kann auch von einem separaten Netzteil zur Verfügung gestellt werden, wenn dessen Ausgänge erdfrei sind, oder der Pluspol an Masse liegt.

Die Gleichspannung $-U_S$ = 7,3 ... 8,2 V wird direkt an P 9 eingespeist.

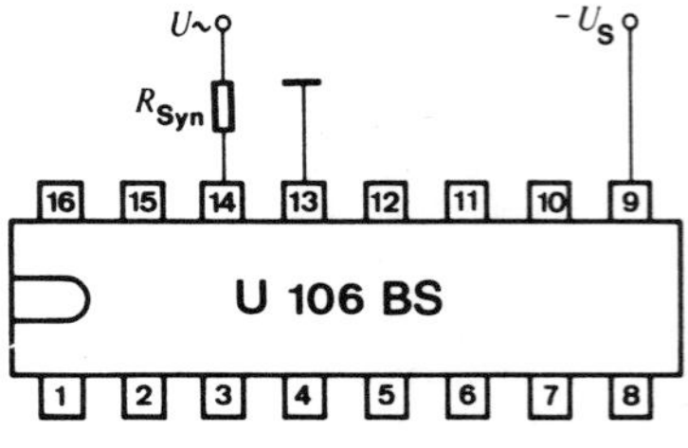

Bild 1c: Gleichspannungsversorgung

3.1.3 Spannungsüberwachung

Die Transistoren T_{11} und T_{12} bilden einen Schwellenwertschalter, der über den Spannungsteiler R_{20} – R_{21} die Betriebsspannung überwacht und die Vollwellensteuerung blockiert, wenn $-U_S < 5{,}8$ V wird.

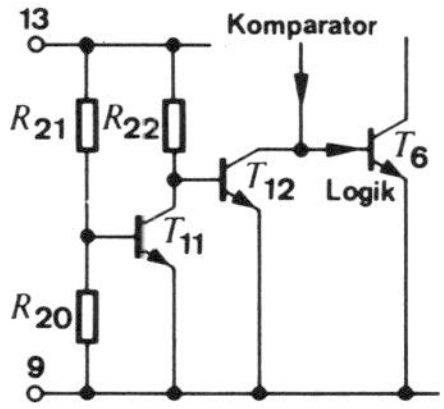

Bild 2: Spannungsüberwachung

3.2 Impulsaufbereitung

3.2.1 Pulserzeugung

Die Komplementär-Darlingtonstufe T_2, T_3 liegt mit ihrer Basis-Emitter-Strecke in der Diodenbrücke D_3, D_5, D_6, D_7 und ist sowohl während der positiven, als auch der negativen Halbwelle der Synchronisierspannung durchgesteuert. Nur im Bereich des Null-

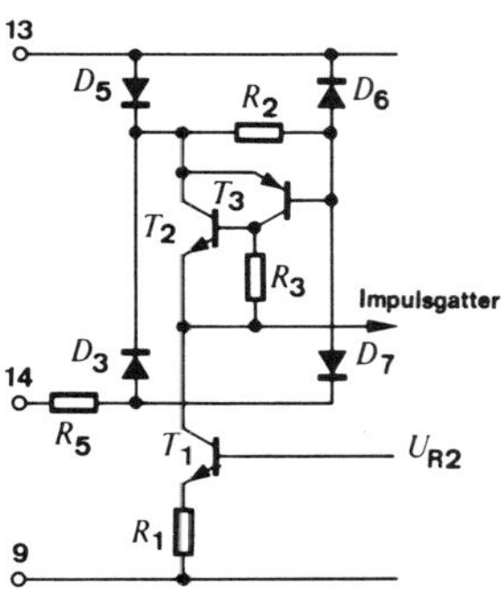

Bild 3: Nulldurchgangsdetektor

durchganges, des von der Synchronisierstufe über R_5 angebotenen Stromes, sperren T_2, T_3 und der von T_1 gelieferte Konstantstrom steht als Impuls am Gatter G_5 an. Die Pulsbreite wird bestimmt durch den Wert des Synchronisierwiderstandes R_{Syn}, **Bild 4a.**

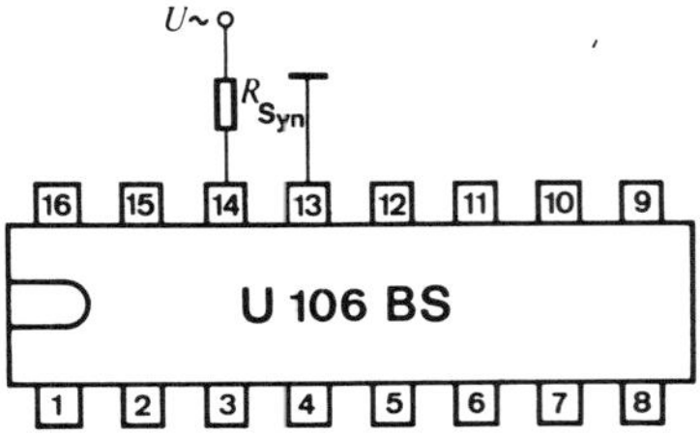

Bild 4a: Synchronisierung

Der minimale Synchronisierstrom (maximale Pulsbreite) ergibt sich aus der Schaltung von Pulserzeugung und Halbwellendetektor zu

$I_{Syn\,min} = 400\,\mu A$, $U_{14\ Schwelle} = 2{,}52\,V$, $t_{p\,max} = 1{,}5\,ms$

dabei muß die maximale interne Verlustleistung des IC, etwa 400 mW, unbedingt berücksichtigt werden

$$R_{Syn\,max} = \frac{U_{syn} - 2{,}52\ V}{0{,}4\ mA} \quad (k\Omega)$$

$$I_{Syn\,max} = 5\ mA \qquad R_{Syn\,min} = \frac{U_{syn} - 10\ V}{5\ mA} \quad (k\Omega)$$

Bei kleinen Lastströmen und einem großen dynamischen Haltestrom des verwendeten Triacs besteht die Möglichkeit, den Ausgangsimpuls aus der Nullage heraus zu verschieben und dadurch in seiner Wirkung zu verlängern, **Bild 4b.**

C_{Syn} bildet mit R_{Syn} und R_{iP14} ein Phasenschiebeglied. Für die Umgebung des Nulldurchgangs gilt:

$R_{iP14} = 22\ k\Omega$

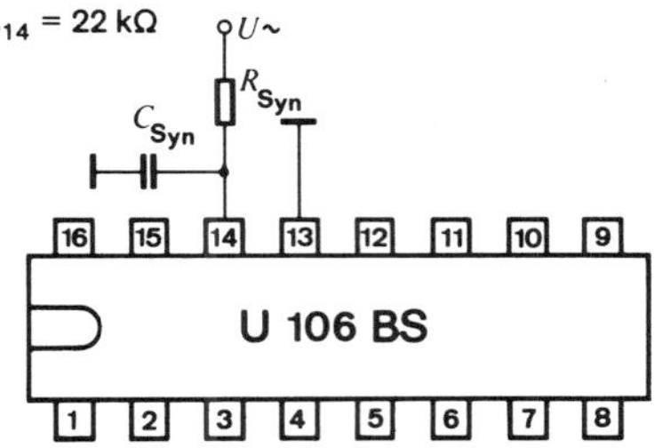

Bild 4b: Impulsverzögerung

Bei Anwendung des Phasenschiebekondensators C_{Syn} muß berücksichtigt werden, daß sich wegen der Parallelschaltung von C_{Syn} zu R_{iP14} eine Änderung des Spannungsteilerverhältnisses mit R_{Syn} ergibt. Damit wird die Pulsbreite größer bei gleichbleibendem R_{Syn}.

Als Anhaltswerte seien genannt:

$U\!\sim\ = 220\ V$, $R_{Syn} = 47\ k$, $C_{Syn} = 50\ nF$, $t_p = 200\ \mu s$
$\Delta t = 100\ \mu s$.

3.2.2 Vollwellensteuerung

Das Prinzip der Vollwellenlogik wird anhand des Blockschaltbildes **(Bild 5a)** und Impulsdiagrammes **(Bild 5b)** erläutert, wobei die Darstellung in positiver Logik erfolgt. Geht G_1 auf H, das bedeutet, die Versorgungsspannung ist in Ordnung und der Komparator bzw. Schwellenwertschalter erhalten die Information „Pulse erwünscht", geht auch G_2 auf H. Beim nächsten Hochschalten des Halbwellendetektors wird G_4 = H und setzt den Speicher. G_6 ist vorbereitet und der nächste Puls aus G_5 gelangt an den Ausgang. Springt G_1 gerade während einer negativen Halbwelle auf L, bleibt der Speicher trotzdem gesetzt, da G_2 über G_4 auf H gehalten wird.

Bei der abfallenden Flanke des Halbwellensignales springt G_4 wieder auf L, G_2 sperrt damit ebenfalls und G_3 ist vorbereitet. Die nächste positive Flanke des Halbwellensignales schaltet G_3 auf H und der Speicher wird zurückgesetzt.

Schaltet G_1 und damit auch G_2 gerade während einer negativen Halbwelle von L auf H, so wird der Speicher ebenfalls gesetzt, da G_4 ja vorbereitet ist und den Sprung von G_2 direkt an den Setzeingang weiterleitet, während G_3 den Rücksetz-Eingang des Speichers sperrt.

Der Speicher kann also nur während der Zeit seinen Zustand ändern, in der der Halbwellendetektor ein H-Signal abgibt, also während der negativen Halbwelle. Da nun zwischen jeweils 2 negativen Halbwellen auch 2 Nulldurchgänge der Synchronisierspannung liegen, ist somit gewährleistet, daß am Ausgang immer nur Pulspaare erscheinen können, und zwar beginnend immer mit einem Puls im positiven Nulldurchgang und endend mit einem Puls bei negativem $\frac{du}{dt}$.

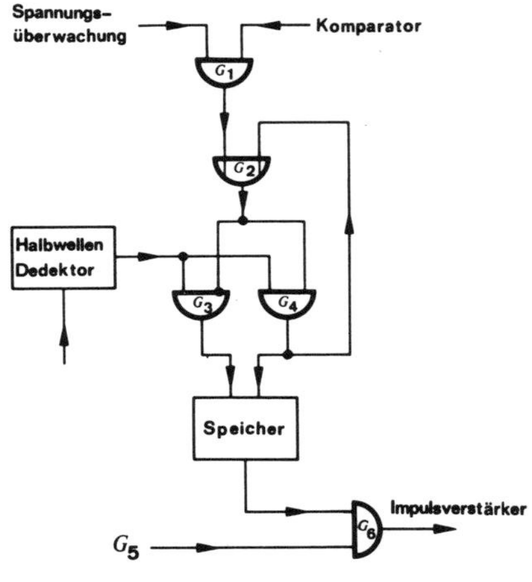

Bild 5a: Vollwellenlogik

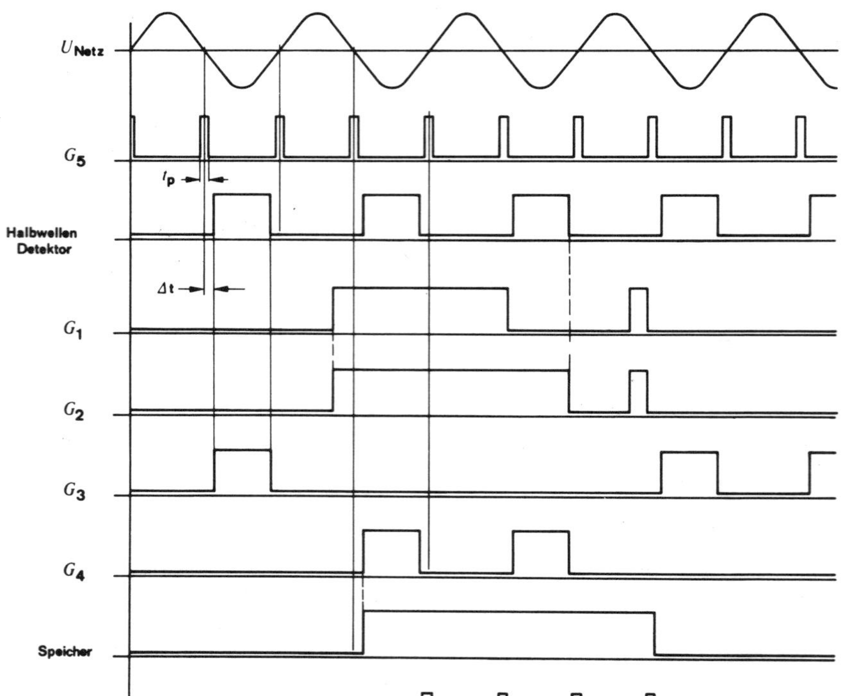

Bild 5b: Impulsdiagramm der Vollwellenlogik

3.2.3 Impulsverstärker, **Bild 6a, 6b**

Der Verstärkerausgang ist gegen Masse, P 13, kurzschlußfest. Bekommt T_{31} aus G_6 Basisstrom, wird die Darlingtonstufe $T_{31} - T_{32}$ durchgeschaltet. Da das Basispotential an T_{31} nicht über 3 x U_F von D_{15} ansteigen kann, wird der Ausgangsstrom durch R_{44} intern begrenzt auf etwa 200 mA.

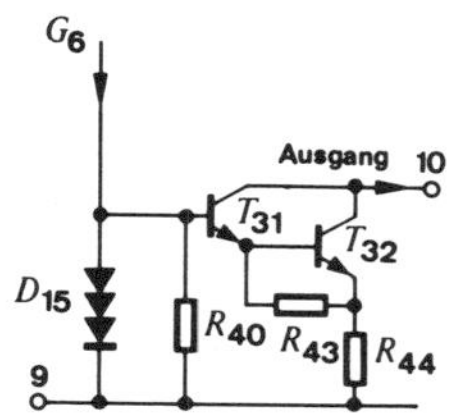

Bild 6a: Impulsausgang

Da in vielen Anwendungen ein Gate-Puls-Strom I_{GT} < 250 mA ausreicht, ist es zur Verringerung der internen Verlustleistung vorteilhaft, einen Begrenzungswiderstand R_B in der Gate-Leitung vorzusehen

$$R_B = \frac{|U_s| - 3\,V}{I_{GT}}.$$

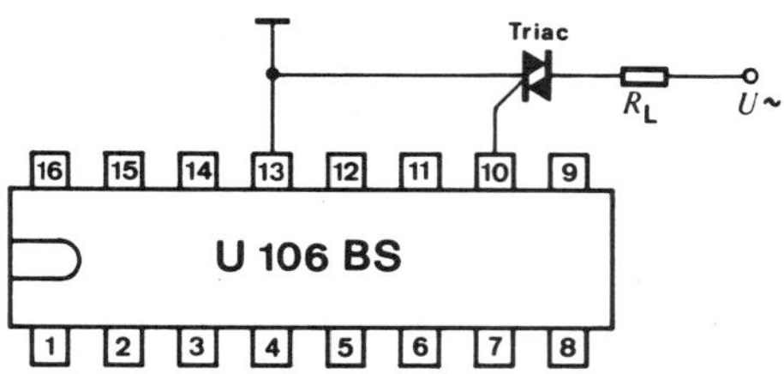

Bild 6b: Impulsausgang

3.3 Impulssteuerung

3.3.1 Komparator

Der mit Komplementär-Darlingtonstufen aufgebaute Komparator **(Bild 7)** hat hochohmige Eingänge und wird zur Verbesserung des Gleichtaktverhaltens aus einer Konstantstromquelle gespeist.

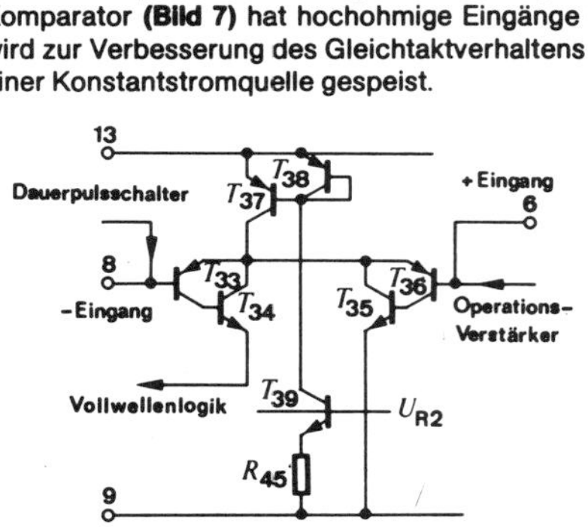

Bild 7: Komparator

3.3.2 Operationsverstärker

Der Operationsverstärker **(Bild 8)** ist durch C_1 frequenzgangkompensiert und wird durch eine Mehrfachkonstantstromquelle T_{46} bis T_{49} weitgehend unabhängig von Betriebsspannungsschwankungen. Der Ausgang P 6 ist direkt mit dem nichtinvertierenden Komparatoreingang verbunden.

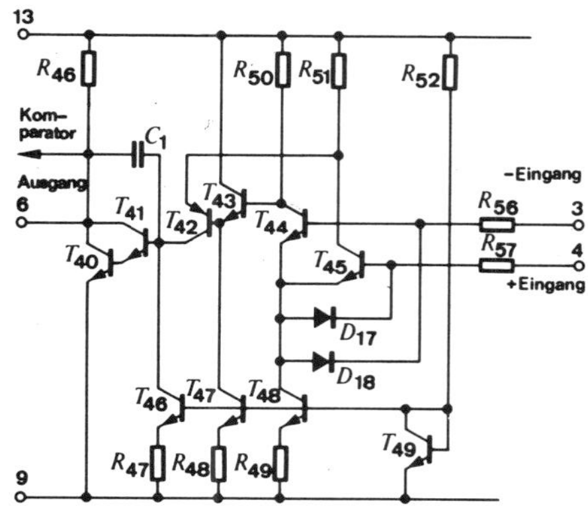

Bild 8: Operationsverstärker

3.3.3 Dauerpulsschalter, **Bild 9**

Ist das Potential an P 7 höher als $U_{R2} + U_{BE\,(T\,27)} + U_{FZ5}$, leitet T_{27}. T_{26} sperrt und beeinflußt den Komparator nicht. Liegt P 7 tiefer, ist T_{26} durchgesteuert und legt U_{R2} an den Komparatoreingang P 8.

Wird die Funktion nicht benötigt, muß P 7 mit P 13 verbunden werden.

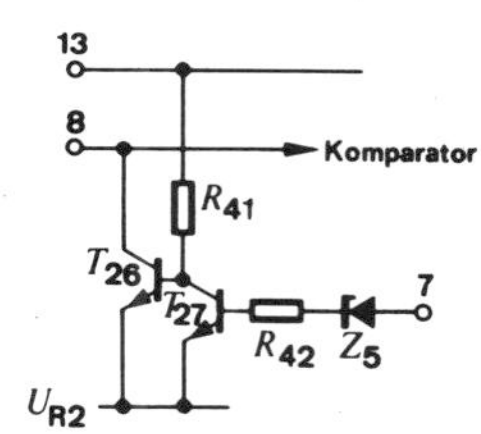

Bild 9: Dauerpulsschalter

3.3.4 Geberüberwachung, **Bild 10a**

Liegt das Potential von P 11 zwischen den beiden Referenzspannungen U_{R1} und U_{R2}, sind die Transistoren T_{14} und T_{15} gesperrt. Durch R_{30} fließt Basisstrom für T_{20} und T_{19}. T_{19}, T_{21} sind durchgeschaltet und damit auch T_{22}, der voll den Strom übernimmt, der aus der Konstantstromquelle T_{24} angeboten wird. T_{23} bleibt somit gesperrt und hat keinen Einfluß auf G_5. Überschreitet die Spannung an P 11 den Wert von U_{R1}, dann wird der Basisstrom des T_{20} von T_{14} übernommen. Dieser sperrt und der Konstantstrom I_{T24} fließt über die Basis-Emitter-Strecke von T_{23}. T_{23} schaltet durch und G_5 ist gesperrt. Unterschreitet U_{11} hingegen den Wert von U_{R2}, wird T_{15} leitend, sperrt dadurch T_{19}, T_{22} erhält keinen Basisstrom mehr, so daß T_{23} wiederum durchschaltet und G_5 sperrt.

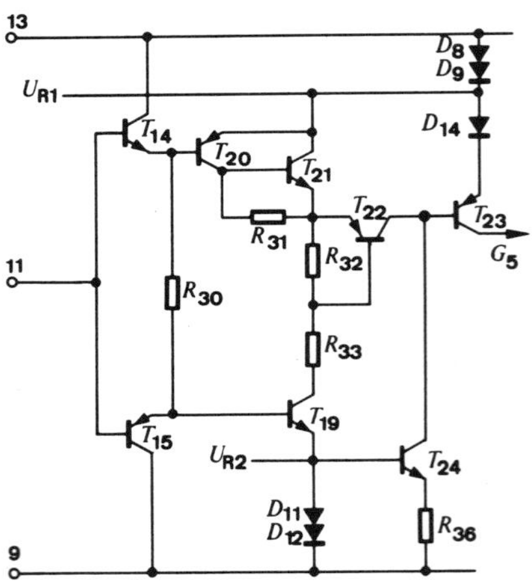

Bild 10a: Geberüberwachung

Zusätzlich zu dieser Überwachungsfunktion läßt sich durch Beschalten nach **Bild 10b** erreichen, daß der jeweilige **Ausgangsimpuls** in eine Pulskette **zerhackt** wird. Dadurch wird die Zündenergie pro Zeiteinheit verringert. Der Zündimpuls kann somit in seiner Wirkung verlängert werden, was bei Triacs mit großem dynamischen Haltestrom von Vorteil sein kann.

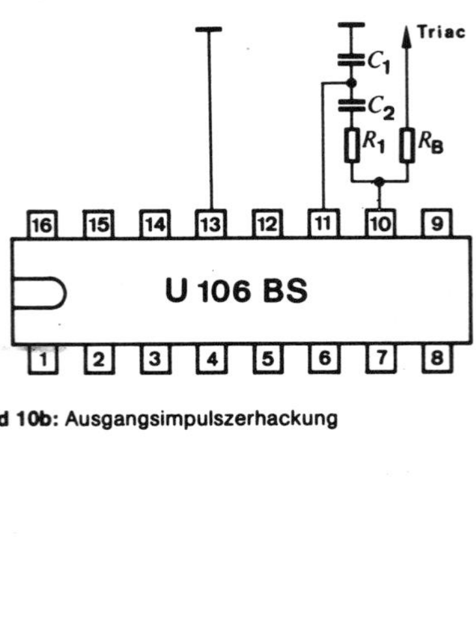

Bild 10b: Ausgangsimpulszerhackung

Zudem erlaubt diese Schaltung, Triacs zwecks Potentialtrennung auch über kleine Pulsübertrager anzusteuern.

Anhaltswerte: C_1 = 0,047 µF, C_2 = 0,68 µF, R_1 = 1 kΩ

3.3.5 Pulssperre, **Bild 11**

Die Ansprechschwelle der Pulssperre liegt bei U_{PS} = −3,2 V. Der maximale Übergangswiderstand des Pulssperrschalters (z. B. Optokoppler) ergibt sich zu

$$R_U \leq \frac{U_{PS}}{I_{T1\,max}} = \frac{3{,}2\,V}{20\,\mu A} = 160\,k\Omega$$

$I_{T1\,max} = I_{PS\,max}$ = maximaler Pulssperr-Strom

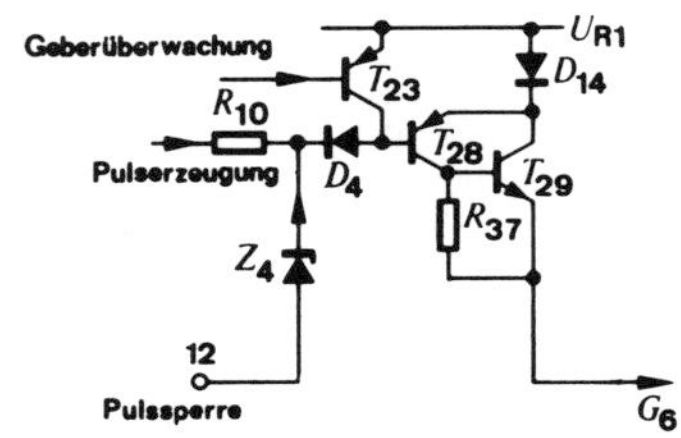

Bild 11: Pulssperrgatter G_5

Soll der Sperreingang über ein TTL-Gatter angesteuert werden, sieht die Beschaltung folgendermaßen aus: **Bild 12**

Der Wert der Z-Diode Z_{PS} ergibt sich aus der Ansprechschwelle der Pulssperre einerseits und den garantierten Grenzwerten der logischen Ausgangspegel von TTL-Schaltkreisen andererseits.

$U_Z > 0{,}4 + 3{,}2 = 3{,}6$ V z. B.

U_Z = 4,6 V TFK-BZY 85 C4V7

$U_Z < 2{,}4 + 3{,}2 = 5{,}6$ V U_Z = 4,4 ... 5,0 V

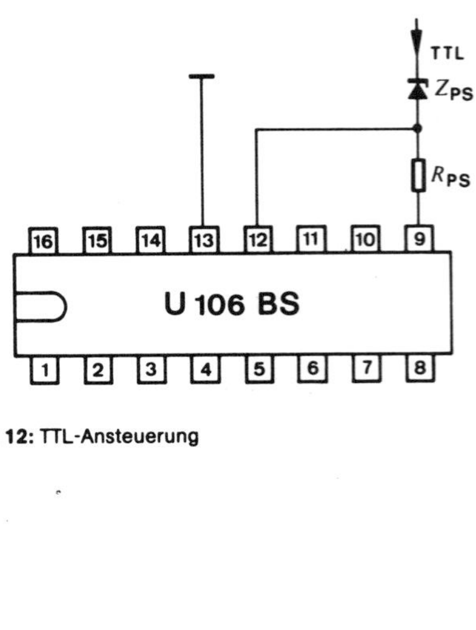

Bild 12: TTL-Ansteuerung

3.4 Zusatzfunktionen

3.4.1 Sägezahngenerator, (siehe **Bild 13**)

Über eine extern durch R_T einstellbare Konstantstromquelle T_{51} wird der Kondensator C_T aufgeladen. T_{55} vergleicht die Kondensatorspannung mit einer durch die Stromquelle T_{57} und den Widerstand R_{63} gebildeten Referenzspannung. Unterschreitet das Potential am Emitter von T_{55} das an seiner Basis anstehende um die Basis-Emitterschwellenspannung, geht er in den leitenden Zustand über. Reicht der Konstantstrom I_{T51} aus, um an R_{62} einen Spannungsabfall, entsprechend der Basis-Emitterschwellenspannung von T_{56} zu erzeugen, wird auch T_{56} leitend, steuert T_{55} ganz durch und der Kondensator kann sich über R_{55}, T_{55}, T_{56} und D_{20} entladen.

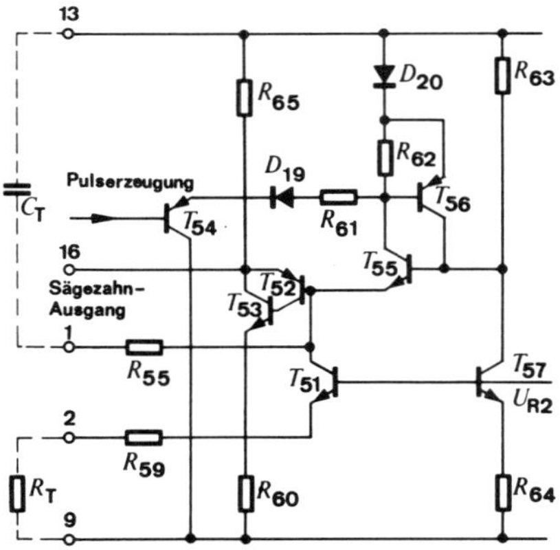

Bild 13: Sägezahngenerator

Erst wenn der Haltestrom dieses Gebildes, bestimmt durch den Konstantstrom I_{T57} und die Stromverstärkung von T_{56}, unterschritten wird, sperren T_{56} und T_{55} und der Vorgang wiederholt sich.

Um bei gleichen Zeitkonstanten mit kleineren Kondensatoren auskommen zu können, wird ein geringer Zündstrom der Anordnung dadurch erreicht, daß dem Basispotential von T_{56} eine Pulskette überlagert wird, deren Amplitude gerade noch nicht ausreicht, um T_{56} durchzusteuern. Nun reicht schon ein sehr kleiner Ladestrom, der nach Ablauf der Ladezeitkonstante zusätzlich über R_{62} fließt, um den Zündvorgang auszulösen.

$$i = \text{Konst.} \qquad U_c = \frac{I_L \cdot t}{C_T}$$

$$T = \frac{C_T \cdot \Delta U}{I_L}$$

$$\Delta U = U_{max} - U_{min} = 4{,}5\ \text{V typ} \qquad T = \frac{C_T\,(\mu F) \cdot 4{,}5\,(V)}{I_L\,(\mu A)}$$

Der Ladestrom I_L muß dabei folgende Bedingung erfüllen:

$$I_L = \frac{0{,}8\ \text{V}}{R_T\ \text{k}\Omega + 11{,}5\ \text{k}\Omega} \qquad I_L \geqq 3\ \mu\text{A}$$

$$R_{T\,max} = 250\ \text{k}\Omega$$

Durch R_{59} wird $I_{L\,max}$ begrenzt. P 2 kann also auch direkt mit P 9 verbunden werden.

Ersetzt man C_T durch einen Widerstand R_{Ref}, steht an P 16 eine niederohmige Referenzspannung mit Werten zwischen −4 ... 0 V zur Verfügung

$$-U_{Ref\,16} = I_L \cdot R_{Ref} - 0{,}6\,\text{V}$$

3.4.2 Referenzspannung, **Bild 14**

Der Transistor T_{50} liefert einen konstanten Strom von $I_K \approx 1$ mA. Bei unbelastetem Ausgang P 5 stellt sich somit eine Spannung ein von

$$U_5 = I_K \cdot R_{54} \approx 5{,}1\ \text{V, wobei } R_{54} = 5{,}1\ \text{k}\Omega$$

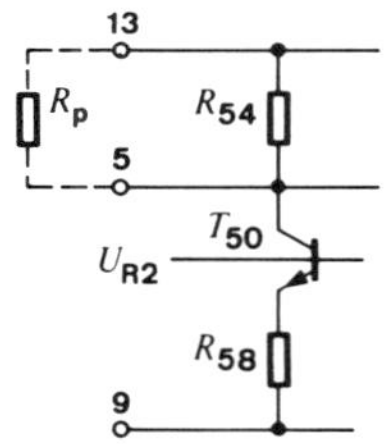

Bild 14: Referenzquelle

Wird extern parallel zu R_{54} (zwischen P 5 und Masse P 13) ein Widerstand R_p geschaltet, ergibt sich

$$U_5 = I_K \cdot \frac{R_{54} \cdot R_p}{R_{54} + R_p} \qquad \text{wobei } R_p \text{ in k}\Omega \text{ einzusetzen ist.}$$

$$= 1\ \text{mA}\ \frac{5{,}1 \cdot R_p}{5{,}1 + R_p}\ (\text{V}),$$

U_5 ist somit direkt abhängig vom Eingangswiderstand der Belastung. Da Operationsverstärker und Komparator sehr hochohmige Eingänge haben, kann diese Belastung jedoch vernachlässigt werden.

3.4.3 Ausgang Vollwellenlogik, **Bild 15**

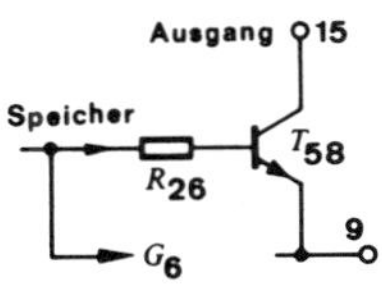

Bild 15

Im Zustand „ein" der Vollwellenlogik schaltet T_{58} die Speisespannung U_{S9} an P 15. ($I_{Q15} \leqq 20$ mA)

4. Anwendungsbeispiele

Die Hauptanwendungsbereiche des U 106 B lassen sich in drei große Gruppen unterteilen.

4.1 Thermische Geräte

Mit wenigen zusätzlichen passiven Bauelementen lassen sich verschiedene Arten von Temperaturregelungen realisieren, wobei die interne Baugruppe „Dauerpulsschalter" auch eine Zweischrittsteuerung möglich macht.

Als typisches Beispiel für diese wichtigste Gruppe sei die Schaltung eines Proportionalreglers mit Einschalt-Vollastphase und Geberüberwachung mit PTC-Meßfühler erläutert **(Bild 16a)**.

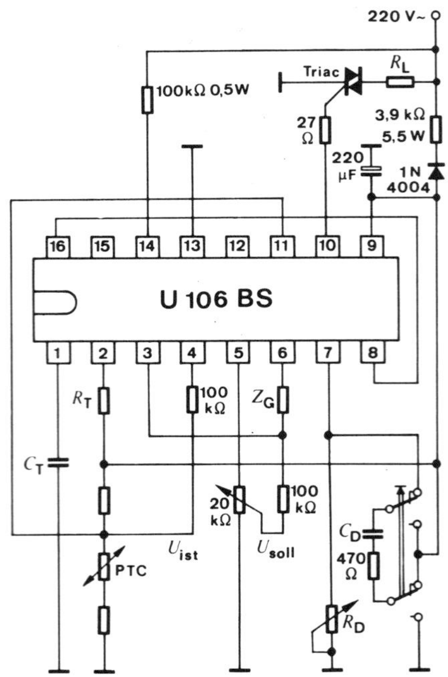

Bild 16a: Proportionalregler mit Einschalt-Vollastphase

Durch Drücken der Doppeltaste wird C_D umgeladen. Nach dem Loslassen der Taste liegt zunächst an P7 etwa $-2U_S$. Der Dauerpulsschalter legt nun den Komparatoreingang P 8 so lange auf die interne Referenz U_{R2} bis C_D über R_D wieder umgeladen ist. Die Vollwellenlogik ist also für etwa eine Zeitkonstante $T_D \approx C_D \cdot R_D$ aktiviert, vorausgesetzt, daß der Istwert einen Maximalwert nicht übersteigt, so daß $U_6 < U_{R2}$ bleibt.

Wird der Istwert während T_D wider Erwarten zu groß, schaltet der Komparator die Vollwellenlogik ab, bis der Grenzwert wieder unterschritten wird.

Nach Ablauf dieser Einschaltphase arbeitet das System als Proportionalregler weiter **(Bild 16b)**. Der Operationsverstärker vergleicht Soll- und Istwert, verstärkt die Regelabweichung und steuert damit den einen Komparatoreingang an. Der invertierende Komparatoreingang P 8 ist mit dem Ausgang des Sägezahngenerators verbunden, dessen Zeitkonstante durch R_T und C_T bestimmt ist und auf die Zeitkonstante der zu regelnden Anlage abgestimmt werden muß ($T_{Sägezahn} < T_{Heizsystem}$).

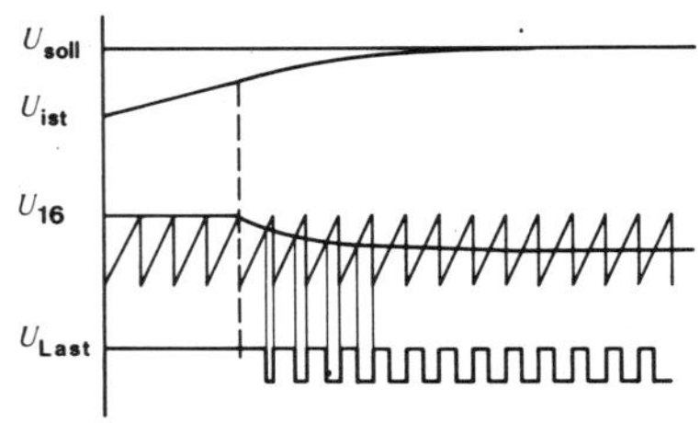

Bild 16b: Proportionalregelverhalten

Das Regelverhalten wird dabei maßgeblich von dem Gegenkopplungszweig Z_G bestimmt. Eine zusätzliche Sicherheitsfunktion ergibt sich durch Verbinden von P11 mit dem Meßfühler. Erstens werden Zündimpulse unterdrückt, wenn der Geberkreis unterbrochen wird oder Kurzschluß hat und zweitens schaltet nun die Geberüberwachung auch ab, wenn der Istwert den vorgegebenen Grenzwert bei einem Fehler in der Regelung überschreiten sollte. Deshalb ist der Geberkreis so zu dimensionieren, daß der Istwert normalerweise immer innerhalb der durch die Geberüberwachung vorgegebenen Schranken bleibt.

4.2 Zeitgeber

Ein weiteres wichtiges Einsatzgebiet des U 106 BS sind Zeitgeber in verschiedenen Varianten für Ampelsteuerungen, Belichtungsautomaten, Impulssteuerungen u. v. a.

Zum Beispiel eine kombinierte one-shot-Einschaltverzögerung mit folgendem Pulsdiagramm **(Bild 17a, 17b)**.

C_{T1} und R_{T1} bestimmen wie im vorhergehenden Beispiel die Anlaufphase. T_2 wird durch ein weiteres Zeitglied R_{T2}, C_{T2} vorgegeben. Der Operationsverstärker arbeitet als Spannungsfolger in Elektrometerschaltung und der Komparator vergleicht U_{CT2} mit einer durch R_{URef} bestimmten Referenzspannung.

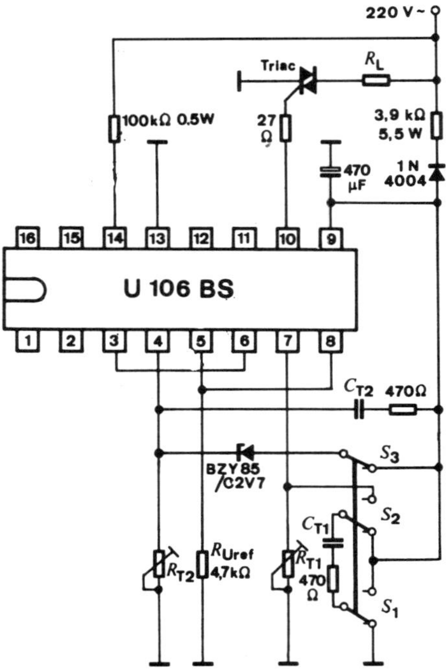

Bild 17a: Kombinierte „One-Shot"-Einschaltverzögerung

Die Z-Diode wird benötigt, um U_{CT2max} kleiner zu halten als die interne Referenz U_{R2}, die in der Anlaufphase durch den Dauerpulsschalter an P8 des Komparators gelegt wird. Bedingt dadurch darf auch R_{URef} nicht kleiner als 4,7 kΩ gewählt werden, um die zusätzliche Strombelastung während T_1 nicht zu groß zu machen.

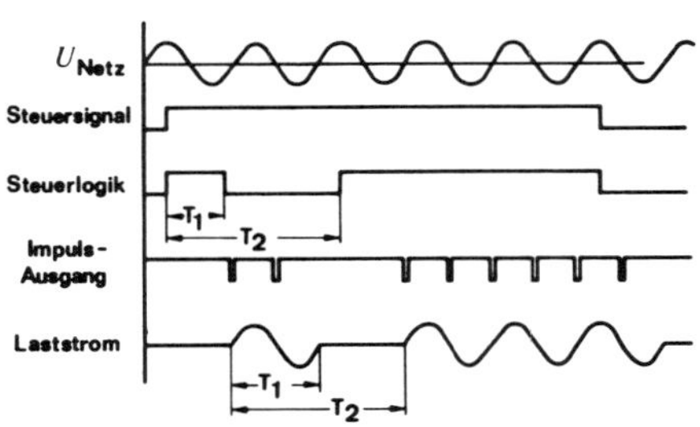

Bild 17b: Impulsdiagramm der „One-Shot"-Einschaltverzögerung

4.3 Statischer Schalter **Bild 18**

Bei Anwendung des Nullspannungsschalters als statischer Schalter liegt der Hauptvorteil darin, daß die Stromanstiegsgeschwindigkeit während des Einschaltvorganges definierbar wird.

In bezug auf die Phasenlage der Netzspannung unkontrolliertes Einschalten von Glühlampen zum Beispiel, hat auf Grund des sehr geringen Kaltwiderstandes der Glühwendeln Einschaltstoßströme bis zum 18fachen Nennwert zur Folge. Durch Einsatz des Nullspannungsschalters reduziert sich dieser Wert auf etwa 5 x I_{Nenn} woraus eine Verlängerung der Lebensdauer um den Faktor 7 ... 10 resultiert.

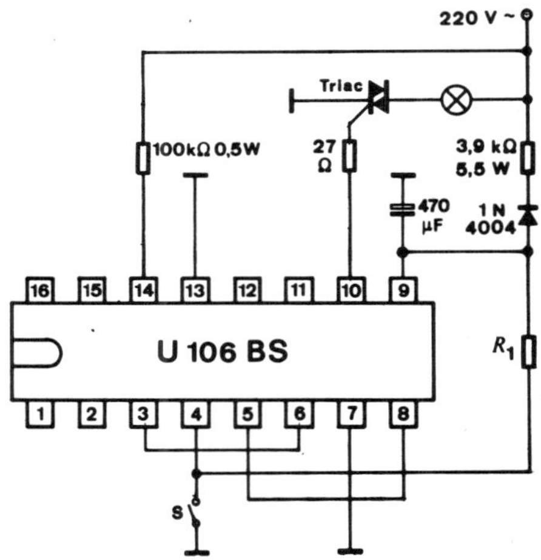

Bild 18: Statischer Schalter

1. Einleitung

Der Weiterentwicklung der Technik Rechnung tragend, mechanische Schalter durch elektronische zu ersetzen, hat AEG-Telefunken einen berührungsgesteuerten, vierstelligen Zweiebenenschalter als monolytisch integrierte Schaltung entwickelt.
Bevorzugte Anwendung finden diese beiden Typen in Fernseh- und Rundfunkgeräten. Sie ersetzen vorteilhaft die Tastenmechanik von diodenabgestimmten Kanal- und Allbandwählern.
Ferner gestatten diese integrierten Schaltungen eine fernbedienbare Programmwahl.

Besondere Merkmale sind:

- hohe Eingangsempfindlichkeit
- hohe Betriebs- und Störsicherheit
- geringe Sättigungsspannung und Temperaturdrift der Schalttransistoren
- hohe Belastbarkeit der Bereichsspannungsausgänge
- geringer Peripherieaufwand

2. Funktionsbeschreibung

Vier gleichartige Speicherstufen sind in einem 16-poligen DIP-Gehäuse untergebracht. Alle Speicherstufen einer oder mehrerer integrierten Schaltungen sind zum Löschen über einen extern anzuschaltenden Widerstand R_H, der den Haltestrom bestimmt, miteinander gekoppelt. **Bild 1** zeigt zwei der vier gleichartigen Speicherstufen.
Verbindet man die Sensorelektrode 10 durch Berühren mit der Masseelektrode 1, so fließt ein Strom über die Basis-Emitterstrecke des Transistors 1, der die Darlingtonkombination T_2, T_3 einschaltet. Aus dem Emitter des Transistors T_3 fließt ein Strom von 3 mA, der durch den Widerstand R_2 auf diesen Wert begrenzt wird. Der Stromverstärkungsfaktor der Transistoren T_1, T_2 und T_3 beträgt minimal 25000, so daß ein Basisstrom des Transistors T_1 von 120 nA ausreicht, die Kombination einzuschalten. Diesem Stromwert entspricht ein Berührungswiderstand der Sensorelektrode gegen Masse von ca. 100 MΩ. Da in der Praxis ein Berührungswiderstand von 50 MΩ ausreichend ist, kann extern an die Sensorelektrode 10 ein Widerstand von 3,9 MΩ gegen Pin 8 (13,5 V) geschaltet werden, wodurch Streuungen der Stromverstärkung T_1, T_2, T_3 auf den Faktor 2 ausgeglichen werden.
Der aus dem Emitter des Transistors T_3 fließende Strom baut an der Diode ZD1 eine Spannung, entsprechend ihrer Zenerspannung, auf. Zusammen mit dem Spannungsabfall an R_3 von ca. 1 V liegt an der Basis des Transistors T_4 eine Spannung von ca. 6,5 V gegen Masse. Der Transistor T_4 wird stromleitend, am Haltewiderstand R_H steht eine Spannung

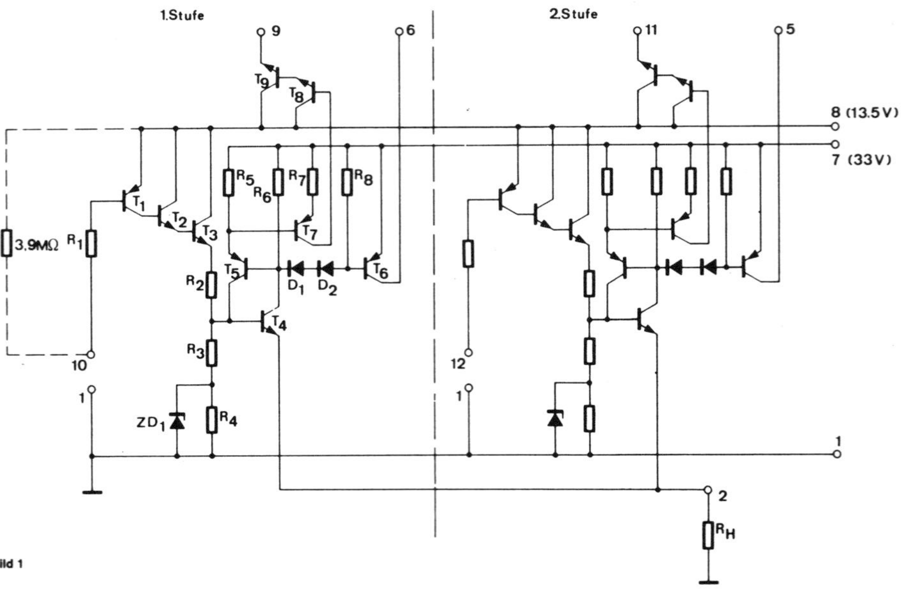

Bild 1

von ca. 6 V, so daß der Kollektorstrom des Transistors T_4 bei R_H = 12 kΩ etwa 0,5 mA beträgt. Dieser Strom fließt vorwiegend von Pin 7 (33 V) über die Basis-Emitterstrecke des Transistors T_6 und die Dioden D_1, D_2. Der Transistor T_6 wird stromleitend und schaltet die Abstimmspannung von Pin 7 (33 V) nach Pin 6 durch. Die Sättigungsspannung des Transistors T_6 für einen Schaltstrom von 1 mA beträgt i. M. nur 90 mV mit einer Temperaturdrift von ≦ 0,5 mV pro °C. Der Spannungsabfall an der Basis-Emitterstrecke des Transistors T_6 und an den Dioden D_1, D_2 bewirkt das Einschalten des Transistors T_5. Dessen Kollektorstrom, der durch den Widerstand R_5 auf ca. 0,4 mA eingestellt ist, fließt über R_3 und die Zenerdiode ZD1 und erzeugt an der Basis des Transistors T_4 eine Spannung von 5,6 V, so daß der Transistor T_4 auch dann stromleitend bleibt, wenn die Sensorelektrode nicht mehr berührt wird. Die Spannung am Haltewiderstand R_H (Pin 2) beträgt dann ca. 5,1 V.

Das Durchschalten des Transistors T_5 erzeugt einen Spannungsabfall an R_5, der das Einschalten der Transistorkombination T_7, T_8 und T_9 bewirkt. Die Bereichsspannung, die an Pin 8 (13,5 V) liegt, wird an Pin 9 geschaltet. Die Sättigungsspannung zwischen Pin 8 und Pin 9 beträgt i. M. 1,2 V bei einem Strom von 55 mA, dieser Wert reicht aus, um parallel eine Anzeigelampe anzusteuern.

Der Schaltzustand der beiden elektronischen Schalter (Pin 7 an Pin 6 für die Abstimmspannung, Pin 8 an Pin 9 für die Bereichsspannung) bleibt so lange erhalten, bis die Sensorelektrode einer anderen Stufe berührt wird. Die Entriegelung der Schalter geschieht wie folgt:

Wird z. B. die Sensorelektrode Pin 12 der 2. Stufe berührt, so fließt aus dem Emitter der Eingangstransistorkombination dieser Stufe ein Strom von 3 mA, der am Haltewiderstand R_H (Pin 2) eine Spannung von 6 V aufbaut. An der Basis des Transistors T_4 der 1. Stufe steht, wie ausgeführt, jedoch nur eine Spannung von 5,6 V, so daß der Transistor T_4 dieser Stufe sperrt und die Schalter (Pin 7 – Pin 6 und Pin 8 – Pin 9) ausgeschaltet werden. Die Schalter der 2. Stufe (Pin 7 an Pin 5 für die Abstimmspannung, Pin 8 an Pin 11 für die Bereichsspannung) werden geschlossen, dieser Schaltzustand bleibt erhalten, bis ein anderer Sensorkontakt berührt wird.

3. Betriebs- und Störsicherheit

Zur Erhöhung der Betriebssicherheit dient:

a) der Widerstand R_1 vor der Eingangstransistorkombination, der eine Beschädigung der integrierten Schaltung verhütet, wenn unbeabsichtigt einer der Sensoreingänge direkt mit Masse verbunden wird
b) die speziell gewählte Zusammenfassung von integrierten Elementen in Isolierboxen, so daß das Fehlen einer Betriebsspannung an Pin 7 bzw. 8 durch Kurzschluß oder Leerlauf der Spannungsquellen keinen Schaden bewirkt
c) die großflächige Auslegung der Bereichsspannungsschalttransistoren T_9, so daß ein Dauerschaltstrom von 55 mA zulässig ist und eine kurzzeitige (0,1 sec) 10fache Überlastung die integrierte Schaltung in ihrer Wirkungsweise nicht beeinträchtigt.

Die Störsicherheit der integrierten Schaltung wird durch Einsatz einer Zenerdiode ZD1 je Stufe als spannungsbestimmendes Element erhöht, weil

a) vagabundierende Störimpulse, die auf die Basis des Steuertransistors T_4 der eingeschalteten Stufe gelangen, weitgehend unwirksam sind (differenzieller Widerstand der Zenerdiode)
b) die Spannung am Haltewiderstand R_H praktisch nur durch die Zenerspannung bestimmt wird und damit weitgehend unabhängig von den Streuungen der übrigen Bauelemente ist
c) der Laststrom aus der Abstimmspannungsquelle (ca. 2,5 mA für die integrierte Schaltung) relativ gering ist und die Zunahme dieses Stromes max. 10 % beträgt, wenn ein Sensor berührt wird.

4. Bevorrechtigungsschaltung im SAS 660

SAS 660 besitzt neben den vier Speicherstufen zusätzlich eine Bevorrechtigungsschaltung, die bei Inbetriebnahme des Gerätes automatisch die 1. Stufe einschaltet. Diese Bevorrechtigungsschaltung wird von beiden Betriebsspannungen – 33 V und 13,5 V – gesteuert, so daß die Reihenfolge des Anlegens der Betriebsspannungen keine Rolle spielt. Außerdem ist dafür gesorgt, daß nach Einschalten der 1. Stufe, also im Betrieb, die Abstimmspannungsquelle (33 V) durch die Bevorrechtigungsschaltung nicht belastet wird. Nach **Bild 2** besteht die Bevorrechtigungsschaltung aus dem Transistor T_A der dem Transistor T_4 der 1. Stufe am Kollektor und Emitter parallelgeschaltet ist. An seiner Basis sind zwei Dioden D_C in Reihe gegen Masse geschaltet. Wird eine der Betriebs-

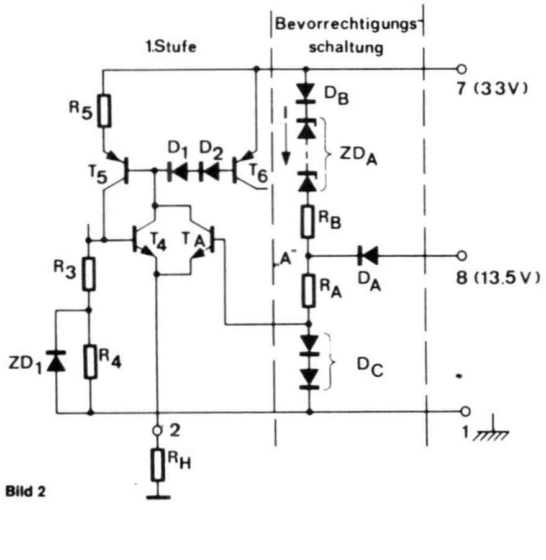

Bild 2

spannungen angelegt, so fließt ein Strom durch die Dioden D_C und erzeugt dort eine Spannung von ca. 1,2 V. Da noch keine der Speicherstufen eingeschaltet ist, steht auch an R_H keine Spannung, so daß die Basis-Emitterstrecke des Transistors T_A leitend wird. Ist oder wird die Abstimmspannung (33 V) eingeschaltet, fließt ein Strom über die Basis-Emitterstrecke von T_6 und schaltet über T_5 die 1. Stufe ein und hält diese eingeschaltet. Dadurch entsteht am Haltewiderstand R_H eine Spannung von 5.1 V und der Transistor T_A wird für alle weiteren Betätigungszustände gesperrt, die Bevorrechtigungsschaltung ist dann ohne Wirkung.
Die beiden Dioden D_A und D_B, an denen in Flußrichtung ca. 0,6 V abfallen, verhindern, daß unerwünschte Ströme zwischen den Betriebsspannungsquellen fließen.
Durch die Zenerdiodenkette ZD_A in der Bevorrechtigungsschaltung **(Bild 2)** wird erreicht, daß die Abstimmspannungsquelle (33 V) nur bei Inbetriebnahme der Schaltung, jedoch nicht im Betriebszustand belastet wird. Wird z. B. bei Inbetriebnahme die 33 V-Spannung U_7 zuerst geschaltet, so fließt nach **Bild 3** ein Strom I von 0,6 mA, wird die 13,5 V-Spannung U_8 zugeschaltet, dann wird an Punkt A eine Spannung von 13,5 V − 0,6 V erzwungen und der Strom I, der die Abstimmspannungsquelle belastet, geht auf Null zurück.

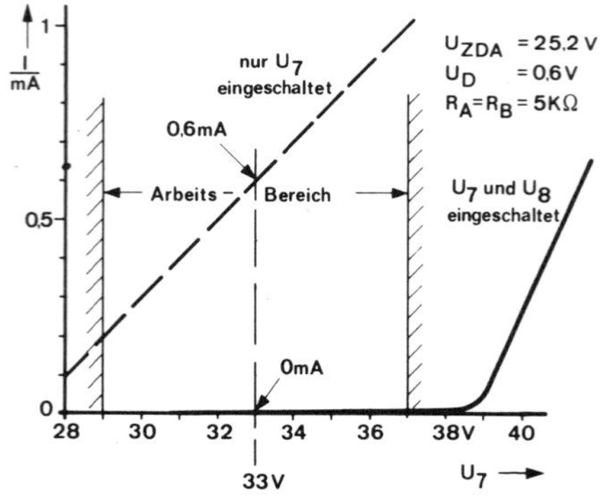

Bild 3

Mit den in **Bild 3** angegebenen Werten wird die Stromkompensation innerhalb des Arbeitsbereiches von U_7 = 29 ... 37 V immer erfüllt. Erst wenn diese Spannung unzulässig über 38,5 V erhöht wird, erfolgt eine dauernde Belastung der Abstimmspannungsquelle.
Der SAS 670 besitzt im Unterschied zum SAS 660 keine Bevorrechtigungsschaltung.

5. Externe Beschaltung der Sensoreingänge

Werden die Sensor-IS's in Geräten ohne Netztrenntransformator eingesetzt, z. B. in Fernsehgeräten üblicher Bauart, bei denen die Möglichkeit besteht, daß das Gerätechassis auf Netzphase liegt, so sind nach VDE Schutzwiderstände vorzusehen, die eine gefahrlose Bedienung gestatten. Wird nur eine der Sensorelektroden berührt, so schaltet die entsprechende Speicherstufe ein. Wie im **Bild 4** angedeutet, liegt die Netzwechselspannung 220 V zwischen Chassis und Sensorelektrode. Der betreffende Sensoreingang wird im Takt der Wechselspannung gesteuert. Durch die integrierte Zenerdiode (ZD_1 in Bild 1) je Speicherstufe ist sichergestellt, daß diese Wechselspannungssteuerung keinen störenden Einfluß auf die Wirkungsweise der integrierten Schaltung ausübt.

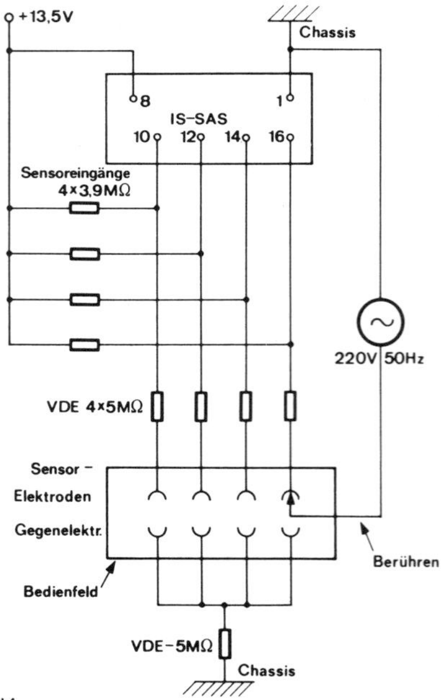

Bild 4

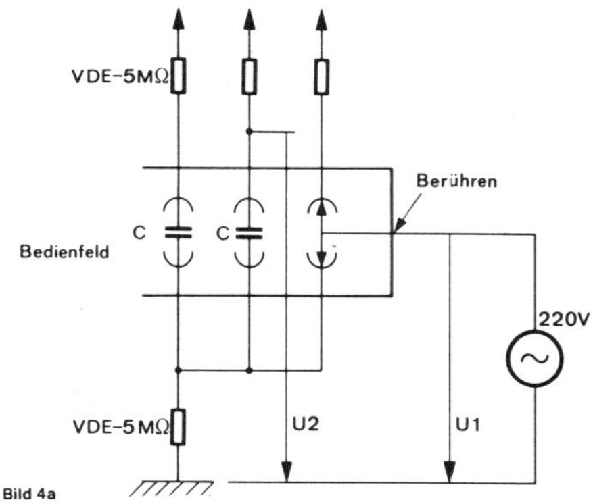

Bild 4a

Wird nicht nur die Sensorelektrode, sondern auch die Sensorgegenelektrode gleichzeitig berührt, dann liegt die Netzwechselspannung auch über die unvermeidbaren Kapazitäten C des Bedienfeldes an den nichtberührten Sensorelektroden, entsprechend **Bild 4a.**

Der Widerstand dieser Kapazitäten (C ≈ 10 pF ≙ 320 MΩ) ist wesentlich größer als der reelle Widerstand des Sensoreinganges (= 8 MΩ mit VDE-Widerstand), das hat zur Folge, daß die Spannung U_2 um 90° der Spannung U_1 voreilt. Damit wird zu der Zeit,

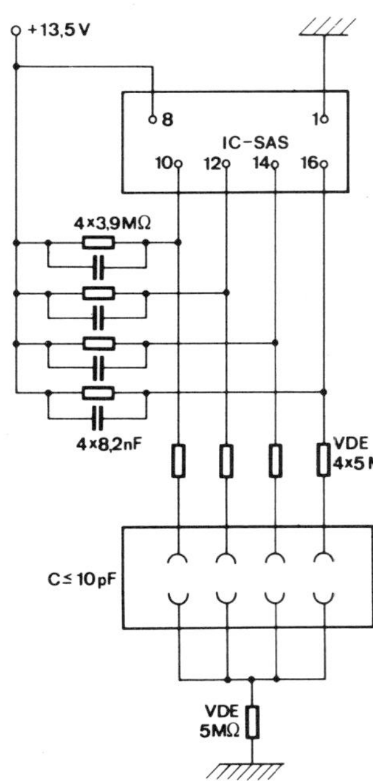

Bild 5

in der die Netzphase ihren positivsten Wert erreicht hat, eine der nichtberührten Sensorstufen so lange eingeschaltet, bis die Netzphase wieder negativ wird. Diese prinzipielle Störung wird durch die in **Bild 5** eingezeichneten Kondensatoren von 8,2 nF unterbunden, die eine Spannungsteilung der kapazitiv übertragenen Wechselspannung unter den Ansprechwert der Sensoreingänge bewirkt.

6. Zusätzliche externe Maßnahme zum bevorrechtigten Einschalten der 1. Speicherstufe des SAS 660

Netzteile von FS-Geräten bauen die Betriebsspannungen beim Einschalten nicht immer monoton auf, sondern es werden oft Sprünge oder Spitzen beobachtet. Hierdurch kann trotz der im SAS 660 integrierten Bevorrechtigungsschaltung eine andere Stufe eingeschaltet werden. Eine aufwendige Siebschaltung für die Betriebsspannungen 13,5 V und 33 V läßt sich durch die im **Bild 6** gezeigte Schaltung vermeiden.

Die RC-Kombination (3,9 MΩ – 8,2 nF) der ersten, bevorrechtigten Speicherstufe (Pin 10) des SAS 660 liegt an einem Zeitkonstantenglied R_TC_T. Bei abgeschaltetem Gerät hat der Kondensator C_T durch die der Betriebsspannungsquelle 13,5 V parallelgeschalteten Verbraucher Nullpotential. Wird das Gerät eingeschaltet, lädt sich der Kondensator über den Widerstand R_T auf. Solange die Spannung am Kondensator C_T kleiner als ≈ 12 V ist, fließt Einschaltstrom durch die Eingangstransistorkombination der 1. Stufe des SAS 660 und hält diese Stufe eingeschaltet. Wählt man die Zeitkonstante der R_TC_T-Kombination etwas länger, als das Gerät zum Aufbau der Betriebsspannungen benötigt, haben Sprünge oder Spitzen, die beim Aufbau der Betriebsspannungen entstehen, keinen Einfluß auf die Bevorrechtigung. Werte von C_T = 10 µF und R_T = 50 kΩ ergeben eine Haltezeit von ca. 3 sec.

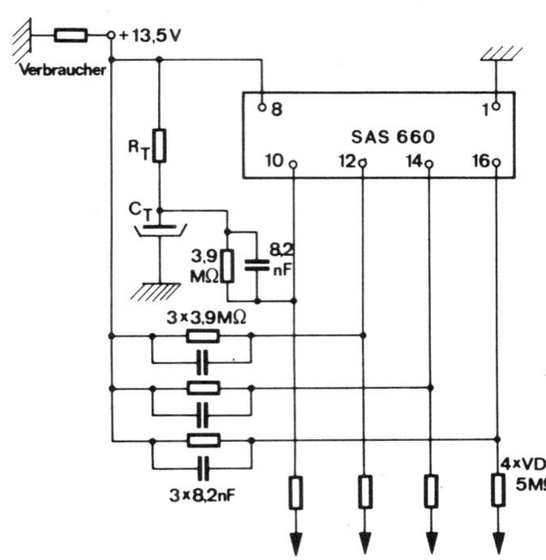

Bild 6

7. Sensorgesteuerte Wähler für 8 Programme

In **Bild 7** ist eine Schaltung mit den Schaltkreisen SAS 660 und SAS 670 zur elektronischen Anwahl von 8 Programmen gezeigt. Werden im Bedienfeld die mit „1" bezeichneten Sensorflächen berührt, so schließt der elektronische Schalter für die Bereichsspannung (Pin 8 – Pin 9 des SAS 660) und der Schalter für die Abstimmspannung (Pin 7 – Pin 6). An dem mit „Bereichsspannung 1" bezeichneten Ausgang steht eine Spannung von ca. 12,3 V, die als Betriebsspannung für z. B. Bereich III des VHF-Tuners und für die Anzeigenlampe „Programm 1", bei einem maximal zulässigen Dauerstrom von 55 mA, benutzt werden kann. An dem mit „Abstimmspannung 1" bezeichneten Ausgang steht eine Spannung von U_7 – 90 mV, die dem Hochpunkt des für Programm 1 vorgesehenen Abstimmpotentiometers über einen Vorwiderstand von ca. 5 kΩ zugeführt wird. Der Potentiometerwiderstand soll etwa 30 kΩ betragen.

Durch die Verbindung des Pin 2 des SAS 660 mit Pin 2 des SAS 670 sind die beiden Schaltkreise über den Widerstand R_H gekoppelt, so daß beim Berühren z. B. der Sensorflächen „7" im Bedienfeld das zuvor eingeschaltete „Programm 1" ausschaltet und der mit „Bereichsspannung 7" (Pin 13 des SAS 670) und der mit „Abstimmspannung 7" (Pin 4) bezeichnete Ausgang einschaltet.

Es sei noch bemerkt, daß durch Hinzunahme weiterer SAS 670 der Wähler um je 4 Programme erweitert werden kann, ohne daß eine Erhöhung der Belastung der Abstimmspannungs- oder Bereichsspannungsquelle eintritt. Die Belastung beträgt unabhängig von der Anzahl der eingesetzten Schaltungen für die Abstimmspannung:

2 ... 3 mA zuzüglich des Stromes durch ein Abstimmpotentiometer

und für die Bereichsspannung:

ca. 2 ... 5 mA zuzüglich des Tuner und Lampenstromes (max. 55 mA).

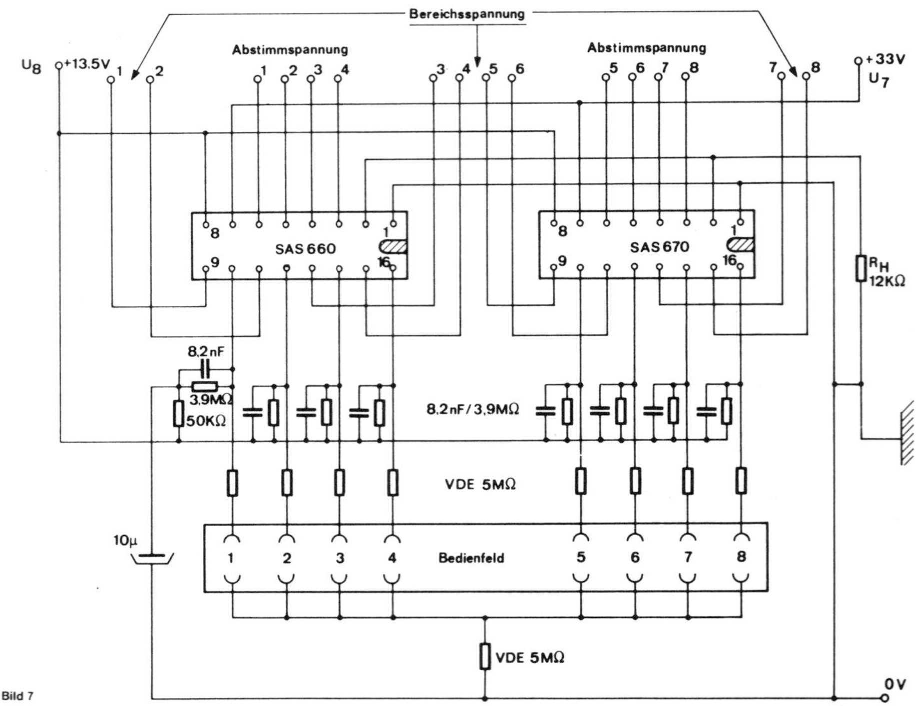

Bild 7

8. Fernbediente Programmwahl

Die Fernbedienung zur Anwahl von Programmen benutzt unterschiedliche Codierverfahren, die mittels Ultraschall übertragen werden. Empfängerseitig werden die ankommenden Signale so aufbereitet, daß zur Bedienung des Sensor-IC-gesteuerten Programmwählers

a) entweder soviele Empfängerausgänge vorhanden sind, wie Programme angewählt werden sollen, wobei die Empfängerausgänge mit den Sensoreingängen – nach den VDE-Widerständen – verbunden sind, so daß eine **simultane** Programmwahl erfolgt,
b) oder der Empfängerausgang vor jeder Programmwahl einen Rücksetzimpuls für die als Ringzähler geschalteten Sensor-IC's abgibt, der diese auf die Speicherstufe 1, entsprechend Programm „1", zurückstellt und nach erfolgter Rückstellung entsprechend der Ordnungsnummer N des anzuwählenden Programms N-1 Zählimpulse abgibt, die **sequentiell** die Speicherstufen bis zur Stufe N weiterschalten.

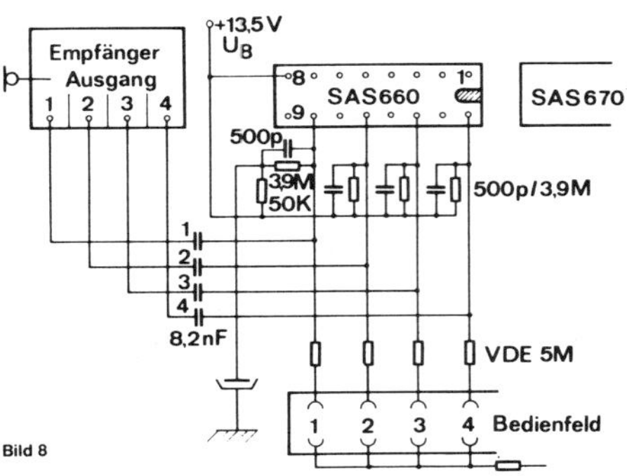

Bild 8

Bild 8 zeigt die Empfängerseite einer Fernbedienung zur simultanen Anwahl von Programmen nach a). Durch Duplizieren der Schaltung können mehr als die hier als Beispiel gezeigten 4 Programme angewählt werden.

Die Ausgänge des Empfängers befinden sich im Ruhezustand auf positivem Potential „H" (z. B. + 5 V). Ist der Innenwiderstand der Empfängerausgänge ≦ 30 kΩ – dies trifft in den meisten Fällen zu –, so können die im Bild 5 beschriebenen 8,2 nF-Kondensatoren vorteilhaft zur Ankopplung des Empfängers an die Sensoreingänge des SAS 660/670 benutzt werden. Bei Fernwahl z. B. des Programms „3" wird während der Dauer des gesendeten Signals der Ausgang 3 des Empfängers auf annähernd Potential Null „L" (z. B. + 0,5 V) geschaltet. Das Umschalten des Empfängerausgangs 3 von H- auf L-Potential wird über den 8,2 nF-Kondensator 3 als negativer Impuls auf den Sensoreingang Pin 14 übertragen und schaltet die Speicherstufe „3" ein. Das Rückstellen des Empfängerausgangs 3 nach Beendigung des gesendeten Signals von L- auf H-Potential erzeugt einen positiven Impuls am Sensoreingang, der jedoch den Schaltzustand der Speicherstufe nicht beeinflußt.

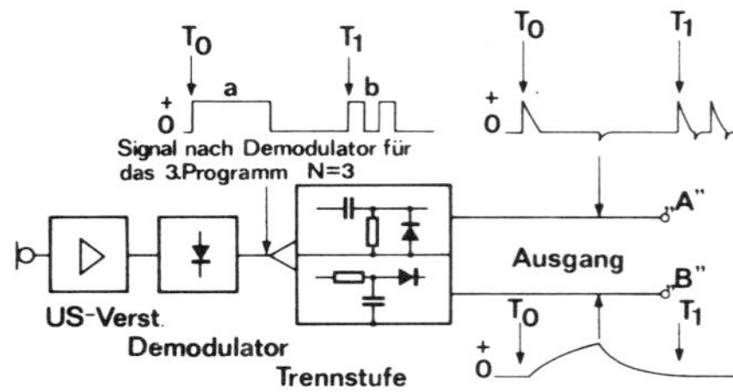

Bild 9

Das Prinzip eines Empfängers nach b) zeigt **Bild 9** als Beispiel zur Anwahl des Programms „3". Das Impulstelegramm nach dem Demodulator besteht aus dem Rücksetzimpuls a und den Zählimpulsen b. Weil das Programm mit der Ordnungsnummer N = 3 angewählt werden soll, werden N-1 = 2 Zählimpulse gegeben. Das Impulstelegramm wird dem Ausgang A über eine Differenzierstufe mit Unterdrückung der negativen Impulse zugeführt. Am Ausgang A erscheint z. Z. T_0 der differenzierte Rückstellimpuls und ab T_1 die beiden Zählimpulse. Am Ausgang B ist das Impulstelegramm über eine Potentialschwelle integriert. Kurz nach der Zeit T_0 baut sich der Rückstellimpuls auf und hält seine Amplitude wesentlich länger als der differenzierte Rückstellimpuls (Ausgang „A"). Die z. Z. T_1 anliegenden Zählimpulse werden durch die Potentialschwelle am Ausgang „B" unterdrückt.

Bild 10 zeigt die Schaltungserweiterung des SAS 660 durch externe Elemente zum Ringzähler. Durch Hinzunahme eines oder mehrerer SAS 670 können je weitere 4 Programme gespeichert werden. Der Bereichsspannungsausgang (Pin 9) der 1. Speicherstufe ist über C_1 mit dem Sensoreingang (Pin 12) der 2. Speicherstufe verbunden, der Ausgang (Pin 11) der 2. Stufe über C_2 mit dem Eingang (Pin 14) der 3. Stufe usw. bis zur Verbindung des Ausgangs der letzten Stufe mit dem Eingang der 1. Stufe. Anstelle der Bereichsspannungsausgänge können auch die Abstimmspannungsausgänge (Pin 6, 5, 4, 3) über Kondensatoren verbunden werden, wie gestrichelt eingezeichnet.

Alle Sensoreingänge sind von den zugehörigen 8,2 nF-Entbrummkondensatoren über je einen 10 MΩ-Widerstand entkoppelt, damit Impulse an den Sensoreingängen wirksam werden können.

Es sei angenommen, daß z. B. die 2. Speicherstufe eingeschaltet ist, dann steht am Haltewiderstand R_H (Pin 2), wie bereits beschrieben, eine Gleichspannung von ca. 5,1 V und am Ausgang (Pin 11) eine Bereichsspannung von +12,3 V. Ein positiver Impuls vom Empfängerausgang „A" erhöht die Spannung am Haltewiderstand R_H, so daß die eingeschaltete Stufe 2

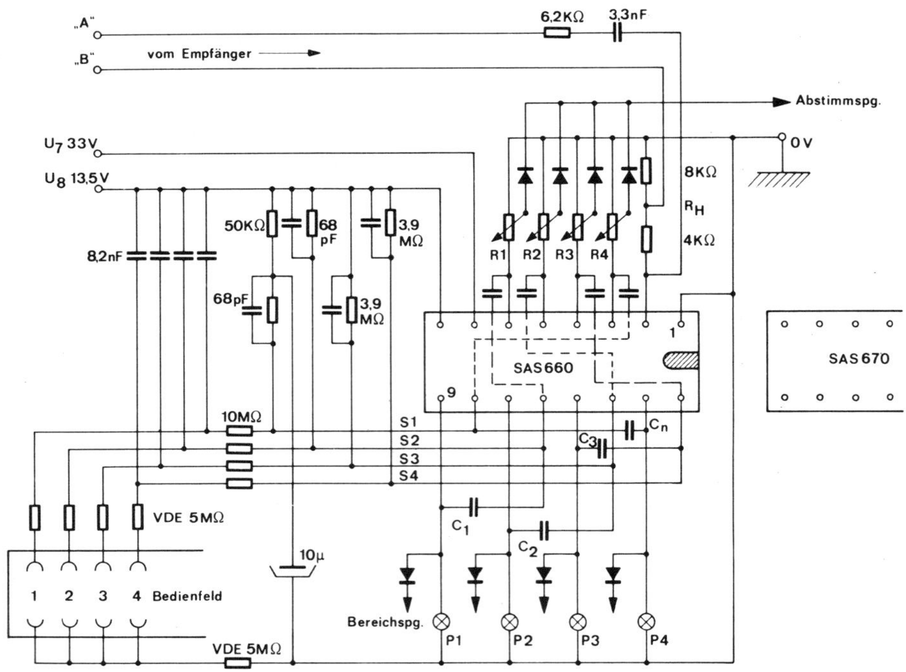

Bild 10

ausschaltet. Die Bereichsspannung am Pin 11 fällt auf Nullpotential zurück, wodurch über C_2 ein negativer Impuls auf den Sensoreingang (Pin 14) der 3. Stufe übertragen wird und diese Stufe einschaltet. Voraussetzung für ein sicheres Arbeiten ist die Abstimmung der Zeitglieder. Es muß durch entsprechende Dimensionierung sichergestellt sein, daß der positive Impuls (I_H) am Haltewiderstand (Pin 2) die zuvor eingeschaltete Speicherstufe abschaltet (Ampl. I_H) und wenn I_H abgeklungen ist (Dauer I_H), der durch das Abschalten der Bereichsspannung am Sensoreingang der nachfolgenden Stufe erzeugte negative Impuls (I_S) noch soviel Energie besitzt (Ampl. und Dauer I_S), daß die nachfolgende Stufe einschaltet und daß der Einschaltvorgang beendet ist (Dauer I_S) bevor ein weiterer positiver Impuls (I_H) am Haltewiderstand anliegt (Schaltfrequenz). Mit den im Bild 10 angeschriebenen Werten und $C_1 = C_2 = \ldots C_n$ = 7,5 pF werden Schaltfrequenzen bis 3 kHz erreicht, bei einer Amplitude des Schaltimpulses I_H von 10 V_{SS} mit $t_r \leqq 10$ µsec.

Soll durch die Fernbedienung als Beispiel von der eingeschalteten 1. Speicherstufe auf die 3. Stufe umgeschaltet werden, so liegen an den Ausgängen „A" und „B" des Empfängers Impulse, wie Bild 9 zeigt. Der Empfängerausgang „A" ist nach Bild 10 über 6,2 kΩ und 3,3 nF mit dem Pin 2 des SAS 660 verbunden. Der differenzierte Rückstellimpuls z. Z. T_0 schaltet, wie beschrieben, die 1. Speicherstufe aus und über C_1 die 2. Stufe ein. Am Ausgang „B" liegt der integrierte Rückstellimpuls, der dem Teilerpunkt des unterteilten Haltewiderstandes R_H (4 kΩ und 8 kΩ) zugeführt wird. Die Dauer des Rückstellimpulses ist wesentlich länger, so daß die 2. Stufe wieder abgeschaltet wird. Mit Abklingen des Rückstellimpulses sinkt die Spannung an Pin 2 auf einen sehr kleinen Wert (≦ 1,2 V), so daß die im SAS 660 integrierte Bevorrechtigungsschaltung die 1. Speicherstufe einschaltet. Dieser Vorgang ist vor der Zeit T_1 beendet. Die nun folgenden zwei Impulse am Ausgang „A" schalten sequentiell auf Speicherstufe 3. Weil der Vorgang der Umschaltung in praktisch nicht wahrnehmbar kurzer Zeit abläuft, erscheint die fernbediente Programmwahl „quasi simultan".

Spannungsamplituden der Impulse am Ausgang „A" und „B" des Empfängers bis +15 V führen bei der im Bild 10 gegebenen Dimensionierung zu keiner Beschädigung der integrierten Schaltungen SAS 660 und SAS 670.

Die Funktion eines Musiksynthesizers

Der Musiksynthesizer hat in den letzten Jahren einen nicht zu überhörenden Einfluß auf die Unterhaltungs- und Jazzmusik ausgeübt. Dank seiner neuartigen Klangmöglichkeiten stellt er eine ideale Ergänzung zu herkömmlichen Instrumenten dar. Theoretisch könnte man mit ihm natürlich auch bekannte Instrumente ersetzen; In der Praxis sieht es jedoch so aus, daß der Schwerpunkt eines Synthesizers darin liegt, unkonventionelle Klangeindrücke zu schaffen. Die elektronisch perfekte Nachahmung vertrauter Klänge würde einen technischen Aufwand verlangen, der finanziell nicht mehr zu rechtfertigen wäre.
In seinem Aussehen gleicht der Synthesizer einer elektr. Orgel; Unterscheidet sich jedoch von dieser durch ein meist kleineres Manual und einer sehr viel höheren Anzahl von Bedienungsknöpfen, die in übersichtlicher Weise auf einer großflächigen Schalttafel über dem Manual angebracht sind.
Theoretisch ist jede noch so einfache elektronische Schaltung, die einen hörbaren Ton erzeugt, bereits ein Synthesizer, denn das Wort besagt lediglich, daß es sich hier um eine synthetische, also nicht natürliche Erzeugung eines Tones handelt.
Im musikalischen Sprachgebrauch versteht man unter dem Wort "Synthesizer" jedoch eine beliebig kombinierbare Anordnung einzelner elektronischer Elemente, die eine ganz bestimmte Eigenschaft besitzen. Ihr Verhalten wird nicht mehr, wie bisher, ausschließlich durch einstellbare Drehknöpfe oder Schieberegler (Umschalter, Potentiometer) geregelt, sondern durch den Verlauf externer Steuerspannungen, die durch spezielle Hüllkurvengeneratoren erzeugt werden und, einmal fest eingestellt, bei jedem Drücken einer Taste des Manuals automatisch ablaufen.
Die Entwicklung solcher Geräte ist nicht zuletzt das Verdienst des amerikanischen Physikers "MOOG", der Ende der sechziger Jahre zum ersten mal einen nach ihm benannten Synthesizer der Öffentlichkeit vorstellte.
Da es sich bei diesem Gerät, bzw. Instrument, um eine Kombination verschiedener Elemente handelt, gibt es keine feste Schaltung; Alle nur denkbaren Konstruktionen sind möglich und richten sich nach den jeweiligen musikalischen Anforderungen. Im Folgenden werden einige Hauptelemente eines Synthesizers beschrieben, womit jedoch keineswegs ein Anspruch auf Vollständigkeit erhoben sei.

Einige Grundlagen der akkustischen Wahrnehmungsphysiologie

Bevor wir uns dem Funktionsprinzip eines Synthesizers zuwenden, sollte zunächst die Frage geklärt werden, welche Faktoren eigentlich zu einem Klangeindruck beitragen. Am bekanntesten ist wohl die Tatsache, daß die Klangfarbe eines Tones hauptsächlich vom Spektrum der im Frequenzgemisch enthaltenen Teiltöne abhängt. Mit anderen Worten, jeder von irgendeiner Schallquelle erzeugte Ton einer beliebigen Tonhöhe (Musikinstrument, menschliche Stimme, Motorgeräusch) enthält außer dem Grundton (das ist der tiefste Ton, der meist die größte Amplitude hat und dadurch die Tonhöhe bestimmt) noch eine bestimmte, oft sehr hohe Anzahl von Obertönen, deren Frequenzen ganzzahlige Vielfache des Grundtones darstellen und die man sich als reine Sinusschwingungen vorstellen kann. Diese Sinusschwingungen addieren sich und bilden somit den eigentlichen Schwingungsverlauf des jeweiligen Tones.

Ein beliebiger Klang läßt sich auf zwei Arten darstellen:

Erstens als soeben beschriebene Summenkurve aller Teiltöne und zweitens als Spektrum, ein Diagramm, bei dem alle Teiltöne in ihrer Amplitude als Funktion der Frequenz dargestellt sind.

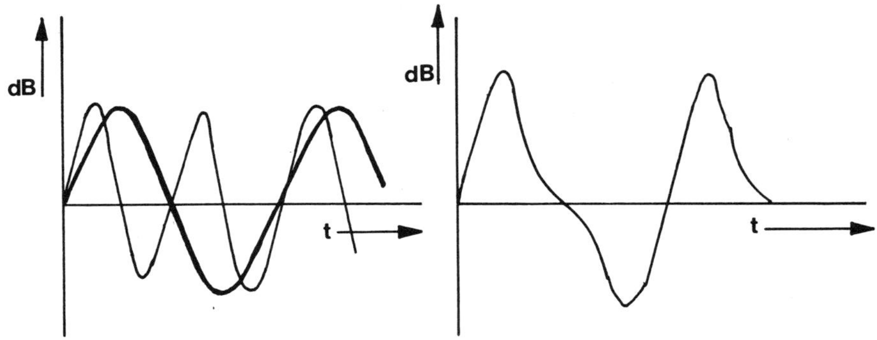

Abb. 1: Durch die Ordinatenaddition verschiedener Sinusschwingungen entsteht die endgültige, resultierende Wellenform.

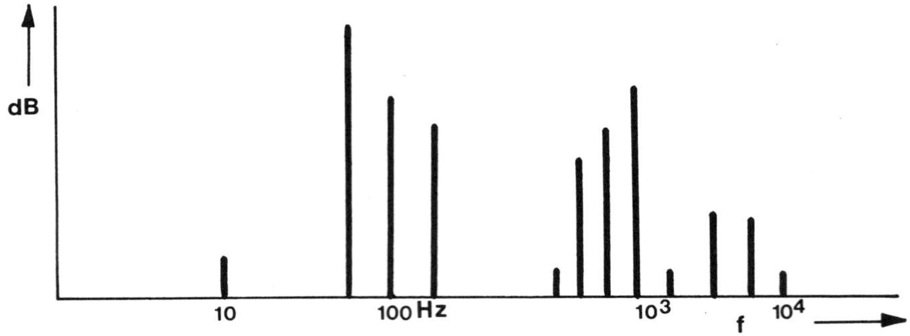

Abb. 2: Darstellung der Teiltöne als Spektrum.

Unser Ohr kann, je nach Struktur dieses Spektrums (je nach Form der Welle) typische Klänge verschiedenster Tonquellen unterscheiden. Es sind jedoch noch eine ganze Reihe anderer Faktoren zu diesem Erkennungsvorgang notwendig. Ein Ton kann zum Beispiel abrupt einsetzen oder erst langsam seine volle Lautstärke erreichen. Er kann wiederum plötzlich abbrechen oder langsam ausklingen. Auch die einzelnen Teiltöne können sich während des An- und Abklingens in ihrer Intensität verändern. Diese Vorgänge spielen sich in der Natur in sehr kurzen Zeitintervallen ab, die von unserem Ohr nicht mehr bewußt wahrgenommen werden und gerade deshalb zum Erkennen eines charakteristischen Klangbildes in erheblichem Maße beitragen. Ein Beispiel dafür ist folgende Tatsache:
Von einem Punkt ausgehende Schallwellen können unsere Ohren mit einer Zeitdifferenz von maximal 0,0005 Sekunden erreichen, was durch die Schallgeschwindigkeit einerseits und den räumlichen Abstand unserer Ohren andererseits bedingt ist. Unser Gehirn "mißt" diese Zeitdifferenz unbewußt und teilt uns dadurch mit, daß die Schallquelle sich genau links oder rechts von uns befindet. Auf dieselbe Weise tragen sehr kurze Variationen in der Lautstärke der Teiltöne dazu bei, daß wir zum Beispiel ein Zupfinstrument von einem Blas-, Schlag- oder Streichinstrument unterscheiden können.

Ein Synthesizer hat demzufolge im Prinzip drei Hauptaufgaben zu erfüllen:

1.) Die Erzeugung eines einstellbaren Klangspektrums
2.) Die Beeinflussung der An- und Abstiegsgeschwindigkeiten der Lautstärke beim Anschlagen der Taste
3.) Die Beeinflussung der Intensität der Obertöne während der Einschwing- und Abklingzeit des Tones.

Die Erzeugung eines einstellbaren Klangspektrums

Zur Tonerzeugung benutzt man in Synthesizern sogenannte "spannungsgesteuerte Oszillatoren" (auch VCO genannt, vom Englischen: voltage controlled oscillator), die auch als Analog-Digitalwandler oder Spannungs-Frequenzumsetzer in digitalen Spannungsmessern Verwendung finden. Ihre besondere Eigenschaft besteht darin, daß sie Spannungen in proportionale Frequenzen umsetzen. Eine Verdopplung der Steuerspannung bewirkt beim VCO immer eine Verdopplung der Frequenz, so daß sich die Abhängigkeit zwischen Steuerspannung und Frequenz durch eine Gerade darstellen läßt, die durch den Nullpunkt geht. (Abb. 3)

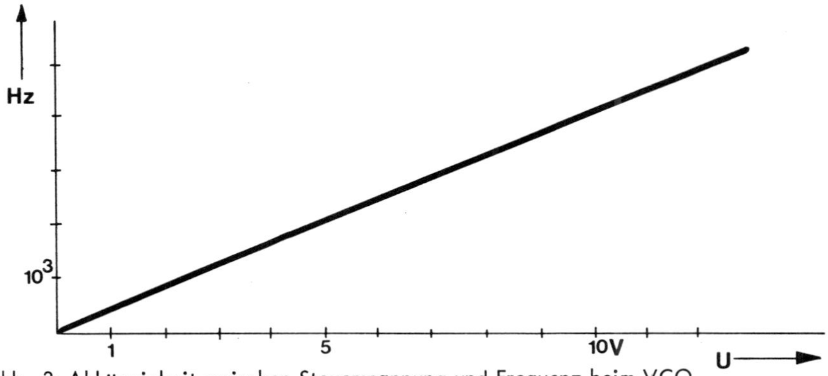

Abb. 3: Abhängigkeit zwischen Steuerspannung und Frequenz beim VCO

Diese Eigenschaft des VCO verhilft dem Synthesizer zu einem besonderen Vorteil gegenüber anderen Tasteninstrumenten. Durch Drehen eines einzigen Knopfes (Verändern eines einzigen Potentiometers) läßt sich die Stimmung, d. h. die Tonlage des Instrumentes beliebig über den ganzen Tonfrequenzbereich verschieben. Die Tasten des Manuals stehen mit fest eingestellten Trimmwiderständen in Verbindung. Diese Trimmwiderstände sind so abgeglichen, daß beim Drücken einer Taste A dem VCO eine Steuerspannung zugeführt wird, die genau halb so hoch ist, wie diejenige Steuerspannung einer Taste B, die eine Oktave höher liegt. Eine Steuerspannungsverdopplung und die damit verbundene Frequenzverdopplung des VCO bewirkt im menschlichen Gehör immer das Erkennen einer Oktave, ganz gleich, welche Spannung (Frequenz) verdoppelt wird. Diese Aussage gilt natürlich auch für alle anderen Intervalle, so daß ein auf dem Synthesizer gespieltes Intervall immer erhalten bleibt, auch wenn der absolute Betrag der Steuerspannung durch ein nachgeschaltetes Potentiometer herabgeregelt wird. (Abb. 3A) Dank dieser Tatsache ist es erstens möglich, den Synthesizer in seiner Tonlage jedem Instrument sofort anzupassen. Weiterhin lassen sich mit einem relativ kleinen Manual von höchstens drei bis vier Oktaven je nach Einstellung sowohl die tiefsten Bässe als auch die höchsten Höhen spielen und drittens, das ist der wichtigste Grund für die Ver-

wendung von VCOs, ist es möglich, mehrere VCOs durch eine einzige Steuerspannung gleichzeitig anzusteuern. Diese einzelnen VCOs können entweder beliebig, z. B. in Form eines Akkordes, gegeneinander verstimmt sein oder synchron zueinander laufen. Schon mit zwei VCOs, die nur um den Bruchteil eines Halbtonschrittes gegeneinander verstimmt sind, erreicht man einen typischen Synthesizereffekt. Durch ihre unterschiedliche Frequenz nehmen beide Signale zu jedem Zeitpunkt eine andere Phasenlage zueinander ein, was zu einem transparenten, schwebenden Klangbild führt.
Man kann sich das Zustandekommen dieses Klanges etwa folgendermaßen erklären: Durch die ständig ändernde Phasenlage kommen nacheinander alle Obertöne in eine Stellung zueinander, in der sie sich entweder auslöschen oder verstärken.

Abb. 3A

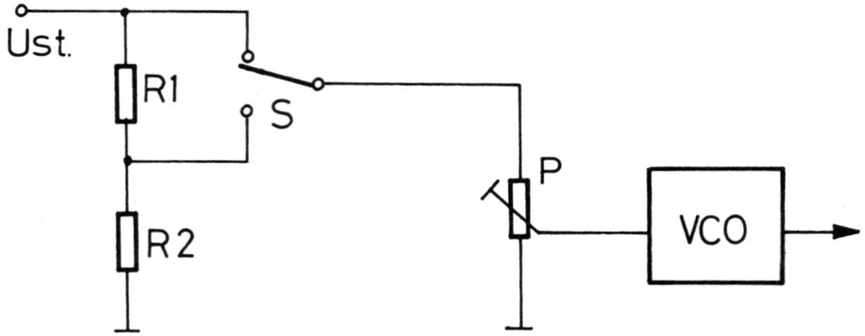

Experiment zur Veranschaulichung der Wirkung eines VCO:
Das durch die Widerstände R_1 und R_2 bedingte Spannungsverhältnis beim Umschalten von S bleibt auch an P erhalten. In jeder Stellung von P erklingt beim Umschalten von S das gleiche Intervall, nur in einer anderen Tonlage. Mit dieser Schaltung läßt sich für ein geübtes Ohr die Linearität eines VCO leicht testen. Wählt man $R_1 = R_2$ (Präzisionswiderstände!), so muß beim Umschalten in jeder Stellung von P eine Oktave erklingen, so daß das Spektrum einer dauernden periodischen Änderung unterworfen ist.

Der Aufbau eines VCO

Spannungsgesteuerte Oszillatoren werden meist mit Integratoren aufgebaut, die beim Erreichen einer bestimmten Schwellenspannung entweder durch Vierschichtdioden ent- oder durch Flip-Flops umgeladen werden. Wird einem Integrator eine Gleichspannung zugeführt, so entsteht am Ausgang eine linear ansteigende Spannung, deren Anstieg der Höhe der Eingangsspannung direkt proportional ist. Damit ist die Eingangsspannung auch dem Kehrwert der Zeit proportional, in welcher die stets konstante Schwellenspannung erreicht wird und damit der Frequenz des VCO. (Abb. 4)

Der Anstieg der Sägezahnrampe ist proportional der Steuerspannung. Die Länge der Perioden P ist umgekehrt proportional dem Anstieg. Die Frequenz ist umgekehrt proportional der Periodenlänge. Daraus folgt: Die Frequenz ist proportional der Steuerspannung.

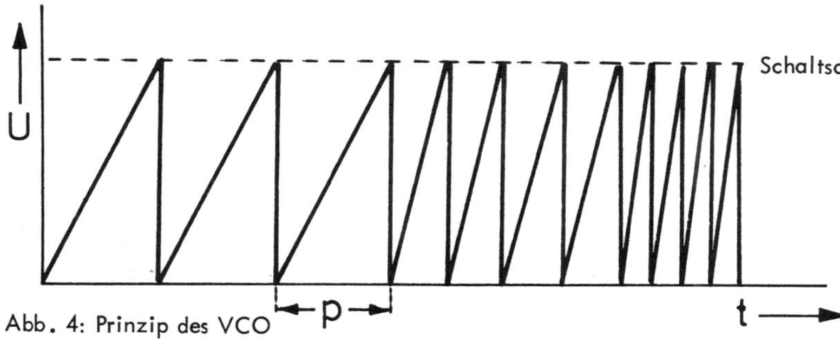

Abb. 4: Prinzip des VCO

Die Klangbeeinflussung:

Da die meisten VCOs lediglich eine einzige Kurvenform erzeugen, ist es im Sinne einer großen Klangvariationsmöglichkeit notwendig, die Kurvenform des VCO nachträglich zu beeinflussen. Ein Sägezahnsignal eigent sich am besten zur weiteren Umformung. Zwei Arten der Klangbeeinflussung sind möglich: Erstens durch nachgeschaltete Filter, die von den vorhandenen Obertönen nur eine bestimmte Anordnung durchlassen und zweitens durch analoge und digitale Steuerungselemente, die den Kurvenverlauf direkt beeinflussen. Die zweite Art der Klangbeeinflussung führt zu Sonderkurvenformen wie Rechteck, Impuls, Sinus und Dreieckschwingungen, die natürlich auch wieder nachträglich gefiltert werden können.
Durch Einschalten eines Schmitt-Triggers erhält man aus einem Sägezahnsignal je nach Einstellung eine symmetrische oder unsymmetrische Rechteckkurve.
Durch Umklappen eines Sägezahnsignals läßt sich eine Dreieckfunktion erzeugen, durch Integration dieser Dreieckfunktion erhält man eine sinusähnliche Spannung. Es ist einleuchtend, daß man durch eine Kombination all dieser Kurvenformen bereits eine nahezu unbegrenzte Vielfalt an Klängen erzeugen kann, von denen viele für unsere Ohren jedoch ziemlich gleich klingen.

Die "Sample and Hold"-Einheit, unentbehrlich für einen Synthesizer

Bei einer Orgel ist für jeden Ton ein Generator zuständig, der ununterbrochen in Betrieb ist, immer auf der gleichen Tonhöhe schwingt und dessen Signal beim Drücken der Manualtaste an einen Verstärker angekoppelt wird. Beim Synthesizer muß ein Generator (VCO) alle Töne bewältigen. (Aus diesem Grunde ist hier auch kein polyphones Spiel, also ein Spielen von Akkorden möglich). Da durch die Tasten dem VCO eine tonhöhenbestimmende Steuerspannung zugeführt wird, muß das Signal beim Loslassen der Taste abreißen, da bei einer Steuerspannung von Null Volt der VCO nun mit der Frequenz von Null Hertz schwingt und damit nicht mehr in Betrieb ist. Da aber ein Nachklingen des gerade gedrückten Tones auch nach Loslassen der Taste oft erwünscht ist, behilft man sich mit folgendem Trick:
Die Steuerspannung lädt einen Kondensator auf, der diese auch nach Loslassen der Taste (nach Unterbrechung der Spannungszufuhr) speichert und dem VCO über einen Impedanzwandler mitteilt. Solch ein Impedanzwandler hat im Idealfalle einen nahezu unendlich hohen Eingangswiderstand, so daß sich der am Eingang befindliche Kondensator nicht entladen kann.

Dieses kapazitive Speicherverfahren, das nach dem englischen Ausdruck "sample and hold" (herausgreifen und halten) bezeichnet wird, bewirkt nebenbei noch einen weiteren, typischen Synthesizereffekt gratis, den sogenannten Glissando- oder Portamentoeffekt. Über Vorwiderstände kann man die Umladezeiten des Speicherkondensators verlängern. Die Melodie springt nicht mehr von Ton zu Ton, sie gleitet, was zu einem Effekt führt, der sich mit anderen Instrumenten nicht nachahmen läßt und sich im Extremfalle wie der Gesand einer menschlichen

Stimme auf einem Vokal anhört. Dieser Effekt ist nur dann möglich, wenn ein Oszillator für alle Töne zuständig ist und wäre bei einer Orgel nicht zu verwirklichen. Dies ist mit ein Grund, warum man beim Synthesizer auf ein polyphones Spiel verzichtet.

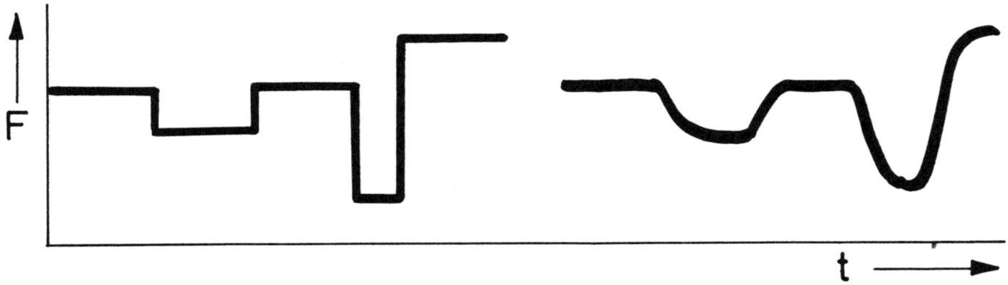

Abb. 5: Frequenz-Zeitkurve ohne und mit Glissandoeffekt

Die Beeinflussung des Lautstärkeverlaufs durch den Spannungsgesteuerten Verstärker (VCA = voltage controlled amplifier)

Wie schon erwähnt, genügt eine beliebig zusammengemischte Wellenform noch nicht zum Erzeugen aller Effekte. Der regelbare Verlauf der Lautstärke in Abhängigkeit des Tastenanschlages ist unumgänglich, nicht zuletzt, weil ohne diese Einrichtung das Instrument beim Loslassen der Taste den zuletzt angeschlagenen Ton ohne Unterbrechung weiterklingen lassen würde. Hier schafft ein Verstärker Abhilfe, der in Abhängigkeit einer Steuerspannung die Lautstärke des ihn durchlaufenden Signals ohne manuelle Betätigung von Null bis Maximum automatisch variieren kann. (Abb. 6)

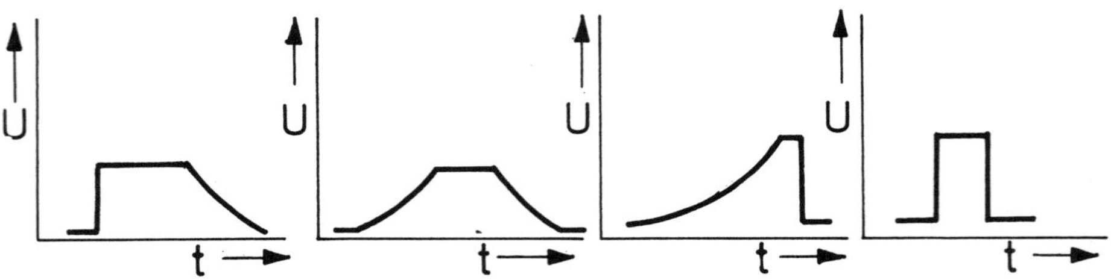

Abb. 6: Verschiedene Steuerspannungsverläufe, die dem VCA zugeführt werden können:

a) der Ton setzt sofort ein und klingt langsam aus
b) der Ton setzt langsam ein und klingt langsam aus
c) der Ton setzt langsam ein und bricht plötzlich ab
d) der Ton setzt plötzlich ein und bricht kurz danach wieder ab

Es gibt verschiedene Möglichkeiten, solche Verstärker zu konstruieren, etwa optoelektronisch, indem Photowiderstände durch Leuchtdioden angesteuert werden, oder durch die Verwendung von Transistoren als Spannungsabhängige Widerstände im Gegenkopplungszweig eines als Verstärker arbeitenden Operationsverstärkers.
Um den automatischen Ablauf der Lautstärke zu regeln, bedient man sich sogenannter Kontur- oder Hüllkurvengeneratoren, die beim Niederdrücken einer Manualtaste gestartet werden und eine Hüllkurve erzeugen, die dem VCA zugeführt wird. Ein Konturgenerator besteht in der Regel aus einem monostabilen Multivibrator, der beim Einschalten einen in seiner Länge einstellbaren Impuls liefert. Dieser Impuls kann durch Auf- und Entladevorgänge von Konden-

satoren zu Kurven unterschiedlichster Anstiegs- und Abfallssteilheit geformt werden. Arbeitet der Konturgenerator mit monostabilem Multivibrator, so hat der Zeitpunkt des Loslassens der Taste keinen Einfluß auf die Länge des Tones. Der Ton klingt aus, obwohl die Taste noch gedrückt sein kann. Diese Art der Steuerung ist vor allem dann von Nutzen, wenn der Ton nur sehr kurz anklingen soll, etwa für die Dauer des Bruchteils einer Sekunde, was bei der Verwendung einer sinusförmigen Spannung zu einem sehr markanten, xylophonartigen Effekt führt. (Vielleicht erinnert sich ein Leser an die stakatoartigen Töne des vor einigen Jahren auf den Markt der (seichten) Unterhaltungsmusik erschienen Stückes: "Popcorn")
Setzt man den Monovibrator außer Betrieb, so ist die Spieldauer des Tones von der Dauer des Tastendruckes abhängig. Der Ton klingt erst nach Loslassen der Taste aus.

Das spannungsgesteuerte Filter (VCF = voltage controlled filter)

Hierbei handelt es sich um ein Bandfilter, das nur einen schmalen Bereich des gesamten Klangspektrums durchläßt. Die Bandbreite des Filters ist manuell einstellbar. Je enger sie ist, desto stärker macht sich die Wirkung des Filters bemerkbar (Abb. 7)

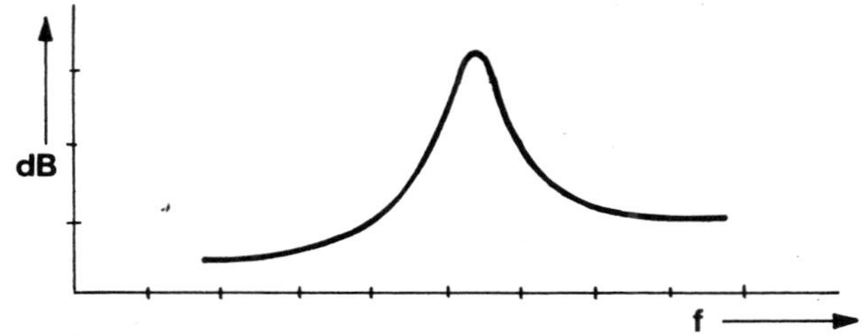

Abb. 7
Darstellung der Durchlaßkurve des Filters

Durch einen Konturgenerator wird eine Verschiebung der Resonanzfrequenz des Filters über den gesamten Tonfrequenzbereich bewirkt. Die Geschwindigkeit und der Umfang dieser Verschiebung lassen sich durch Potentiometer stufenlos einstellen. Solche Filter sind recht kompliziert, da eine stufenlose Überbrückung des gesamten NF-Bereiches sehr hohe Anforderungen an eine Schaltung stellt. Im Prinzip läßt sich jedes aktive Filter benutzen, dessen frequenzbestimmende Widerstände durch Transistoren als spannungsgesteuerte Widerstände ersetzt werden können (z. B. ein Phasenschiebergenerator, der sich kurz vor dem Schwingungseinsatz befindet oder ein "Doppel-T-Filter"). Diese Schaltungen haben jedoch den Nachteil, daß die Bandbreite des Filters während der Verschiebung nicht konstant bleibt, das Filter zum Schwingen neigen kann und eine stufenlose Überbrückung des gesamten NF-Bereiches oft nicht möglich ist.
Die einzelnen Klangeffekte, die sich mit einem VCF hervorrufen lassen, sind äußerst vielfältig und schwer zu beschreiben. Abb. 8 stellt verschiedene Möglichkeiten der Filtereinstellung dar. Die Resonanzfrequenz ist als Funktion der Zeit dargestellt.

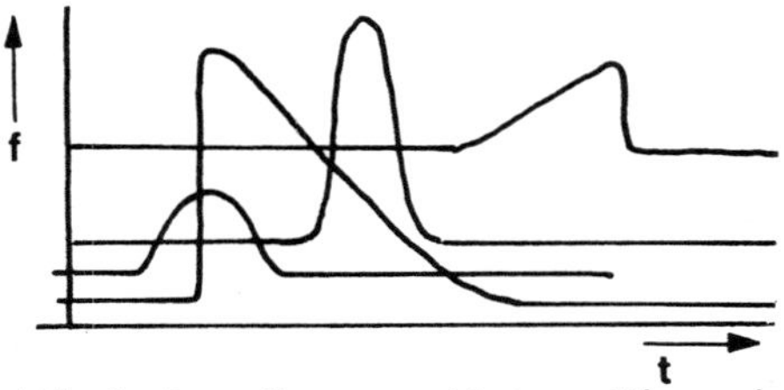

Obere und untere Frequenz des Variationsspielraumes können unabhängig voneinander eingestellt werden.

Abb. 8: Darstellung verschiedener Filterverläufe

Die Möglichkeiten reichen vom posaunenähnlichen Klang bis zur Nähe der Imitation einer menschlichen Stimme. Das Filter ist natürlich auch fest einstellbar, so daß es sich während des Tastendrucks in seiner Resonanzfrequenz nicht verändert. In diesem Falle ist seine Wirkung der eines Orgelregisters ähnlich.

Weitere Effekte

Durch die Verwendung eines Rauschgenerators und eines Modulationsgenerators sind zusätzliche Effekte möglich. Ein Rauschgenerator kann windähnliche Klänge erzeugen oder ein Schlagzeug, einen Pistolenschuss oder andere Töne mit hohem Rauschanteil imitieren. Der Modulationsgenerator liefert, öhnlich dem VCO, eine periodische, beliebig einstellbare Kurvenform niedriger Frequenz, die den VCO zusätzlich frequenzmodulieren und den VCA zusätzlich amplitudenmodulieren kann, wobei der Modulationsgrad zwischen 0 und 100 % eingestellt werden kann. Beim VCO führt dies zu einem unmelodischen Wobbeleffekt, beim VCA im Extremfalle zu einem vollständigen Zerhacken des Tones. Gleichzeitig dazu läßt sich der Filterhub des VCF vom Modulator steuern, was ebenfalls zu einer unnatürlichen Verfremdung des Klangbildes beitragen kann. Ein Synthesizer dient somit nicht nur als Musikinstrument; Im Tonstudios wird er außerdem zum Erzeugen fremdartiger Geräusche und Klangkaskaden benutzt, z. B. in der Rundfunk- und Fernsehwerbung oder zur Untermalung von Filmen.
Der Anzahl der verwendeten Elemente sind nach oben hin keine Grenzen gesetzt. Die einfachste Form eines Synthesizers besteht aus einem Tastenmanual mit Widerstandsnetzwerk, das dem VCO die entsprechende Steuerspannung zuführt, einer sample- und hold-Stufe, einem oder zwei VCOs mit Kurvenformer, einer VCA- und einer VCF-Stufe. (Blockschaltbild Abb. 9)

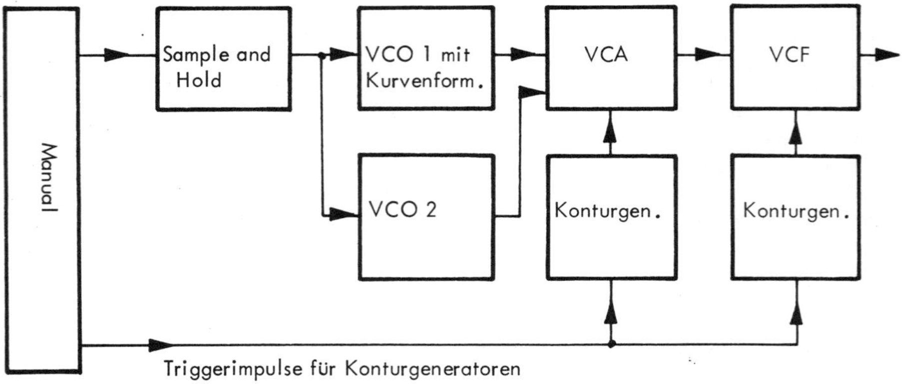

Abb. 9: Blockschaltbild eines Synthesizers einfacher Bauart

Sowohl die Anzahl der VCOs als auch die Anzahl der nachgeschalteten Elemente läßt sich beliebig erhöhen, was ein Erzeugen immer komplizierterer Klangstrukturen ermöglicht. Im Idealfalle besitzt ein Synthesizer mehrere VCOs von denen jeder einen eigenen, nachgeschalteten VCA und einen VCF besitzt. Über ein Mischpult werden alle Signale schließlich vereinigt und einem NF-Verstärker zugeführt. Blockschaltbild Abb. 10

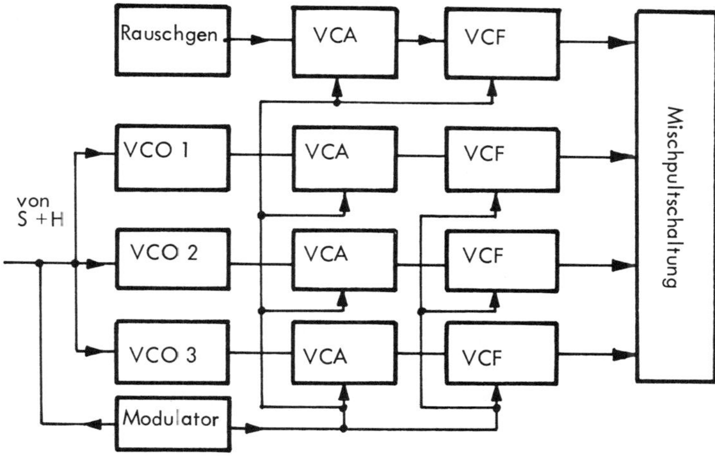

Aus Gründen der Übersicht sind die Konturgeneratoren weggelassen.

Abb. 10: Blockschaltbild eines Synthesizers komplizierterer Bauart

Eigenbau von Synthesizern

In der Fachliteratur sind Schaltungen von Eigenbau-Synthesizern dünn gesät. Oftmals tauchen aber isoliert und in ganz anderem Zusammenhang Schaltungen auf, die sich für die Verwendung in einem Synthesizer eignen, so daß die Hauptarbeit der Entwicklung eines Bauplans darin besteht, geeignete Schaltungen ausfindig zu machen, sie umzufunktionieren und miteinander zu kombinieren.

Sequenzerschaltung

Das Schaltbild der Schieberegisterschaltung ist im IC-Handbuch, Best. Nr. 4, Hofacker Verlag zu finden. Die Schwierigkeit bestand darin, einen Plan für eine gedruckte Schaltung auszuarbeiten. In der nachfolgenden Schaltung, Abb. 1 ist dieser Platinenentwurf zu sehen, dargestellt von der Leiterbahnseite aus. Die Verschiebung läuft von rechts nach links. Die Anzahl der Flip-Flops (74107) läßt sich beliebig erhöhen. Ich selbst habe 14 mal den 74107 hintereinandergeschaltet und somit ein 28 Bit Schieberegister erhalten.

Die Stromversorgung

Bei solch einer relativ hohen Anzahl von ICs der 74er Serie muß eine ausreichende Stromversorgung gewährleistet sein, zumal auch noch maximal 28 Leuchtdioden angesteuert werden müssen. Man kann z. B. den integrierten Leistungsstabilisator TBA 325 A verwenden (5 Volt). Dieser ist zusätzlich auf einen möglichst großen Kühlkörper zu montieren.

Besonderheit:

Die Clearanschlüsse müssen (und dürfen auch) unbeschaltet bleiben, da sonst bei einem Platinenaufbau die Verwendung umständlicher Drahtbrücken nicht zu vermeiden wäre. Zum Löschen gibt man einfach die Information L in das Register und schiebt sie bis zum Ende durch.

Der Taktgenerator

Mit dem TTL-Taktgenerator 75124 kann man die Schaltung auf einfache Weise ergänzen. Die Impulse können direkt zum Ansteuern des Schieberegisters verwendet werden. Bei der vorgegebenen Schaltung liefert der Generator Nadelimpulse einer Frequenz von (etwa) 0,2 bis 100 Hertz.
Das Verhältnis der Kapazitäten und Widerstände des Generators bestimmt die Impulsbreite,

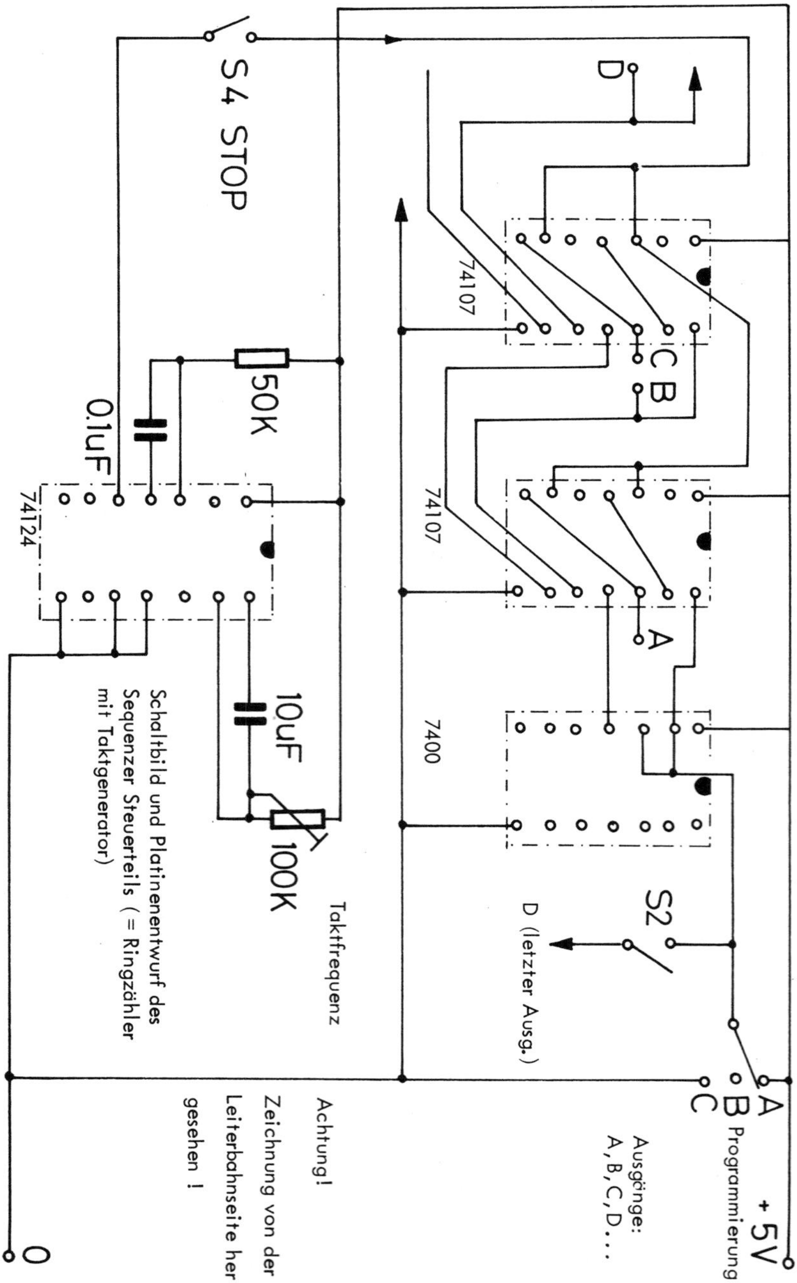

Schaltbild und Platinenentwurf des Sequenzer Steuerteils (= Ringzähler mit Taktgenerator)

die absolute Größe , die Frequenz.

Die Programmierung

Mit S_2 (direkte Verbindung : Ausgang - Eingang) läßt sich das Schieberegister in einen Ringzähler verwandeln. Die am Ausgang "herauslaufende" Information erscheint am Eingang wieder.
Beim Einschalten werden die Leuchtdioden zunächst eine beliebige Stellung, d. h. Informationsanzeige annehmen, die im Takt durch das Register wandert. Durch S_3, entweder auf Setzen und Löschen (A, C), läßt sich jede beliebige Information in das Register eingeben (S_2 muß beim Setzen geöffnet sein). Beim Sequenzerbetrieb ist S_3 auf Stellung B. Bei Betriebsart A (s. unten) genügt es, das Gerät mehrmals ein und aus zu schalten oder S_3 in Löschstellung zu bringen, bis alle Flip-Flops auf L sind. Beim Umschalten von S_3 in Stellung B liegt dann automatisch ein H-Wert im Register, der dieses im Schiebetakt durchläuft. Durch Störungsimpulse aus dem Netz oder dem Äther kann die Schaltung sehr leicht zum "Verrücktspielen" neigen, daher das mehrmalige Aus- bzw. Umschalten, bis nur noch ein Bit im Register ist. Ansonsten ist die Schaltung völlig unkritisch und funktioniert einwandfrei.

Anhalten der gespeicherten Information

Durch ein Unterbrechen der Taktzufuhr kann das Register angehalten werden, die Information geht dabei nicht verloren.

Anzeige der gespeicherten Information

Die Ausgänge A bis .... Z werden über ganz normale Leuchtdioden mit einem gemeinsamen Vorwiderstand von etwa 10 Ω mit Masse verbunden.

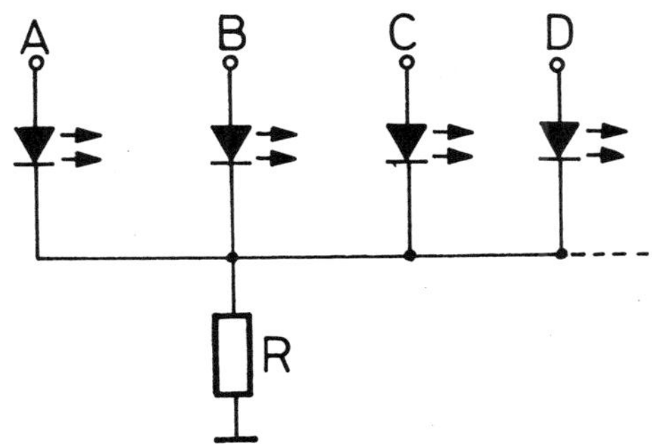

Abb. 2

Anwendungen

A) Sequencer: Der Ringzähler steuert über Trimmpotis einen VCO an, der mit jeder beliebigen Geschwindigkeit jede beliebige, vorher einprogrammierte Melodie spielt.
Die Programmierung geschieht durch ein Einstellen jedes einzelnen Trimmers.

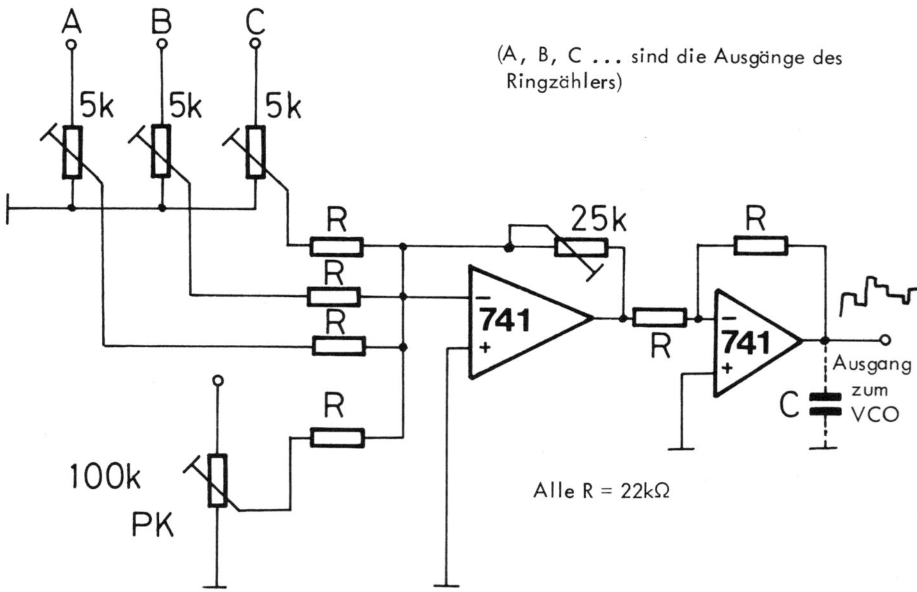

Abb. 3

Als Trimmpotis wählt man am besten solche mit Einlochhalterung und geschlitzter Achse, so daß man bei einem Einbau des Gerätes von außen jederzeit die programmierte Melodie mit einem Schraubenzieher verändern kann. (Man kann auch Schieberegler verwenden)
Um die Einzelspannungen der Trimmer rückwirkungsfrei zu vereinigen, wird ein nichtinvertierender Addierer, bestehend aus zwei OPs des Typs 741, nachgeschaltet. Dieser Addierer verstärkt gleichzeitig die schwache Ausgangsspannung der Flip-Flops im L-Zustand.

Takt						
1	H	L	L	L	L	L
2	L	H	L	L	L	L
3	L	L	H	L	L	L
4	L	L	L	H	L	L
5	L	L	L	L	H	L
6	L	L	L	L	L	H
7	H	L	L	L	L	L
8	L	H	L	L	L	L

u. s. w.

Abb. 4 zeigt die Wahrheitstabelle der Betriebsart A.

B) Rythmusgerät, bzw. Herstellung aperiodischer Rechteckspannungen. Programmiert man eine beliebige Information in den Ringzähler und führt nur einen einzigen Ausgang dem Addierer zu, so beginnt der nachgeschaltete VCO oder Rauschgenerator oder VCA oder ... im programmierten Rythmus zu "tönen". Man erhält somit eine in der nachfolgenden Abbildung 5 dargestellte Rechteckspannung.

Abb. 5

C) Elektronischer Würfel

Macht man die Taktfrequenz so hoch, daß das Auge sie nicht mehr verfolgen kann und wählt man die Programmierung der Art A (ein durchlaufender H-Wert), so bleibt bei Unterbrechung des Taktes der Ringzähler stehen und irgendeine LED leuchtet. Man braucht die LEDs in diesem Falle nur noch mit Zahlen zu versehen.

D) Anwendung

Macht man bei genügend hoher Taktfrequenz und bei genügend hoher Anzahl von Flip-Flops die Treppenspannung der Betriebsart A direkt hörbar, so läßt sich durch eine entsprechende Einstellung der Trimmer jede Kurvenform Treppenartig annähern.

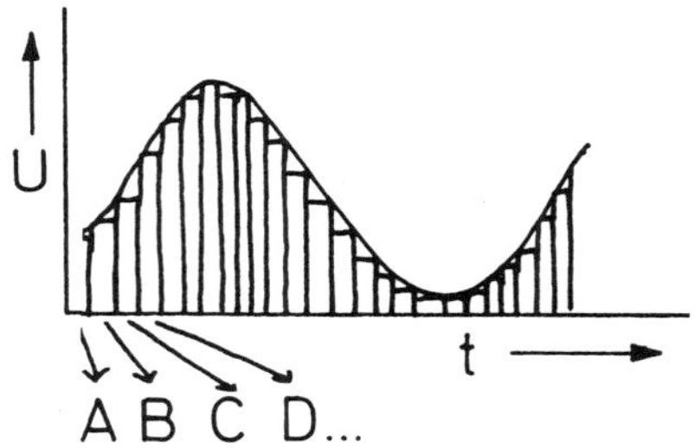

Abb. 6

Beispiel: Taktfrequenz 1000 Hertz, 20 Flip-Flops (10 St. 74107) man erhält, wie die Abb. zeigt, z. B. eine Sinuskurve von 50 Hertz. Die Ecken der Treppe ließen sich eventuell durch einen parallelen Kondensator abrunden.

Sample and Hold-Schaltung für musikelektronische Zwecke

Die im Folgenden beschriebene Sample and Hold-Schaltung eignet sich in Verbindung mit einem VCO sehr gut zur Konstruktion der Elementarstufe eines Musiksynthesizers.

Die in Abb. 1 dargestellte Schaltung taucht in den verschiedensten Veröffentlichungen immer wieder als "Prinzip einer S + H Schaltung" auf. Macht man sich einmal die Mühe, diese Schaltung auf ihren praktischen Nutzwert hin zu überprüfen, so stellt man fest, daß sie durchaus für einige Lösungen geeignet ist, wenn man nicht zu hohe Anforderungen stellt.

Wie arbeitet eine S + H Schaltung?

Sample and Hold (S + H) Schaltungen dienen zum (oftmals nur) kurzzeitigen Speichern analoger Spannungswerte. Durch die hohe Impedanz des OP-Eingangs entlädt sich der mit einer bestimmten Spannung aufgeladene Kondensator nur sehr langsam, im Idealfalle garnicht. Will man den gespeicherten Wert löschen, so wird mittels eines dem Kondensator parallel geschalteten Transistors der Kondensator kurzgeschlossen und damit entladen. Dies geschieht automatisch beim Ansteuern mit einem neuen Wert, der gespeichert werden soll.
Ein solches Verfahren ist sinnvoll, wenn dem Speicher von außen bei konstanter Impedanz laufend neue, unbekannte Werte zugeführt werden sollen. (Datenübermittlung usw.)
Will man die S + H Schaltung zur Steuerung eines VCO benutzen, so läßt sich der Aufbau wesentlich vereinfachen:
Die hier zugeführten Steuerspannungen sind, der Tonleiter entsprechend, durch Teilerwiderstände festgelegt. Es liegt nahe, diese Teilerwiderstände festgelegt. Es liegt nahe, diese Teilerwiderstände zum Ent- bzw. Umladen zu benutzen. Dabei scheiden die oft in homophonen Musikinstrumenten angewendeten Lösungen 2a und 2b aus:

In Abb. 2A würde die Veränderung eines Teilwiderstandes (beim Stimmen) die Wirkung aller Widerstände verfälschen, eine genaue Abstimmung wäre unmöglich. Abb. 2b zeigt eine Lösung, die beim Nachschalten einer S + H Stufe ebenfalls nicht angewendet werden kann. Hier sind die Widerstände R_1 ... Rn zwar unabhängig voneinander, zum Erzeugen eines Spannungsabfalles ist jedoch der Widerstand Ra erforderlich. Da dieser parallel zum Speicherkondensator der S + H Stufe liegt, trägt er zu einer schnellen Entladung des Kondensators bei.

Als Lösung bietet sich die Anordnung in Abb. 3 an:

Hier sind alle Teilerwiderstände unabhängig voneinander einstellbar (da eine Parallelschaltung vorliegt) und bei geöffneter Taste ist C nicht durch einen Widerstand belastet.
Wichtig ist, daß durch die hohe Anzahl der parallelen Widerstände die Spannungsquelle eine genügend hohe Ergiebigkeit aufweisen muß.
Bei drei Oktaven sind dies 36 Widerstände zu je 1 KΩ. Dies entspricht bei 5 V einem Strom von 200 mA. Diese Stromversorgung ist bei der Verwendung des integrierten Stabilisators TBA 325 A gewährleistet. (1 A)

Abgleich der Widerstände

Jeder einzelne Trimmwiderstand mit Spreizwiderstand sollte den Wert von 1 KΩnicht überschreiten, da sonst die Umladezeiten in störender Weise verzögert werden und ein unerwünschter Schlepp- oder Glissando Effekt eintritt.
Da der Zusammenhang zwischen wahrgenommener Tonhöhe und Frequenz durch einen exponentialen Kennlinienverlauf charakterisiert wird, sind bei jedem Trimmpoti gesonderte Spreizwiderstände erforderlich.
Die Spannung muß immer halbiert werden, um eine tiefere Oktave zu erreichen. Daher steht der obersten Oktave noch die obere Hälfte des gesamten Spannungsbereiches zur Verfügung, der zweiten Oktave nur noch das zweite Viertel, der dritten Oktave das zweite Achtel, der vierten Oktave das zweite Sechzehntel usw. (Abb. 5)

Dieser Zusammenhang hat seine Ursache im Bau des menschlichen Gehörs, er ist nicht technisch begründet. Es gibt VCO-Schaltungen, bei welchen der Zusammenhang zwischen Steuerspannung und Frequenz bereits exponential ist. In diesem Falle ist der Abgleich der Teilerwiderstände einfach: Schaltung 2 A kann angewendet werden, wobei alle Einzelwiderstände gleich groß sein müssen.

Die Speicherzeit

Sie hängt vom verwendeten Kondensator ab. Je größer die Kapazität, desto länger kann ein Spannungswert gespeichert werden. Da der Innenwiderstand des nachgeschalteten Spannungsfolgers nicht unendlich hoch ist, entlädt sich der Kondensator ganz langsam. Die Spannung sinkt ab, bis sie irgendwann den Wert Null erreicht. Je größer aber die Kapazität ist, desto länger dauern auch die Umladezeiten und damit auch der Gleiteffekt beim Drücken einer anderen Taste. Es gilt also, einen vernünftigen Kompromiß zu finden, der in einer Kapazität von etwa 0,5 Mikrofarad realisiert ist. Am besten verwendet man verschiedene Kapazitäten zwischen 0,1 und 2 Mikrofarad, je nach Anforderung.
Um bei einer Kapazität von 0,5 Mikrofarad trotzdem auf Wunsch einen Glissandoeffekt erzielen zu können, und dazu noch stufenlos einstellbar, schaltet man einen variablen Widerstand von ca 1 Megohm in Serie vor den Kondensator (Abb. 6) . Je größer R, desto länger braucht C um sich aufzuladen oder zu entladen.
Abb. 7 zeigt bei einer beliebigen, gespielten Melodie die Frequenz- Zeitkurve mit und ohne Glissandoeffekt. Das Gesamtschaltbild ist aus Abb. 8 ersichtlich.
Die Schaltung ist unkritisch und arbeitet in einem Selbstbau-Synthesizer seit über einem Jahr zur vollsten Zufriedenheit.
Ist der Leser dennoch an einer besseren Schaltung interessiert, so empfiehlt sich das Experi-

mentieren mit FET OPs, die einen sehr hohen Eingangswiderstand besitzen und die Verwendung kleinerer C Werte erlauben. Wer keine Orgeltastatur besitzt, kann zum Testen der Schaltung den Punkt A auch mit einer Prüfspitze versehen und die Anschlüsse der Trimmpotis mit Reißzwecken verlöten. Ein kurzes Antippen der Reißzwecke läßt den VCO auf einer entsprechenden Tonhöhe schwingen. Der Ton bleibt so lange erhalten, bis ein anderer Kontakt angetippt wird. Das Absinken der Tonhöhe durch ein Entladen von C über die Spannungsfolgerstufe geschieht in der Regel so langsam, daß es vom Ohr garnicht bemerkt wird.

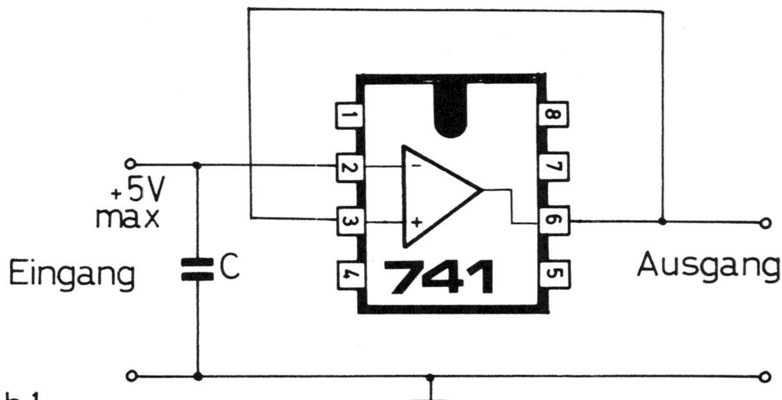

Abb.1

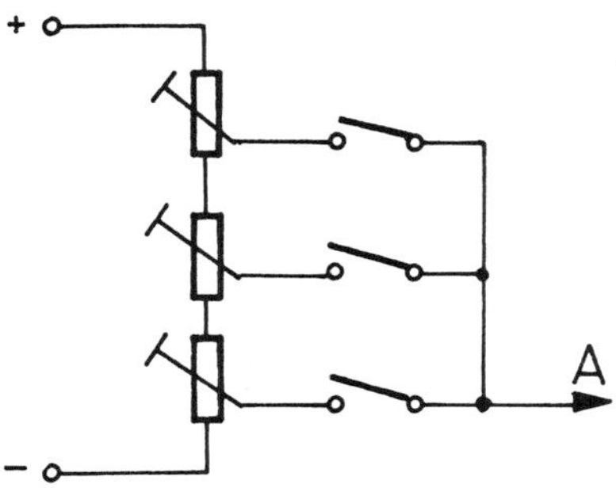

Abb. 2a

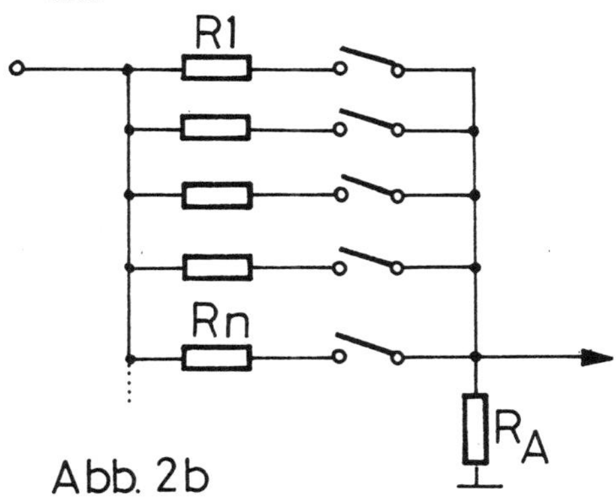

Abb. 2b

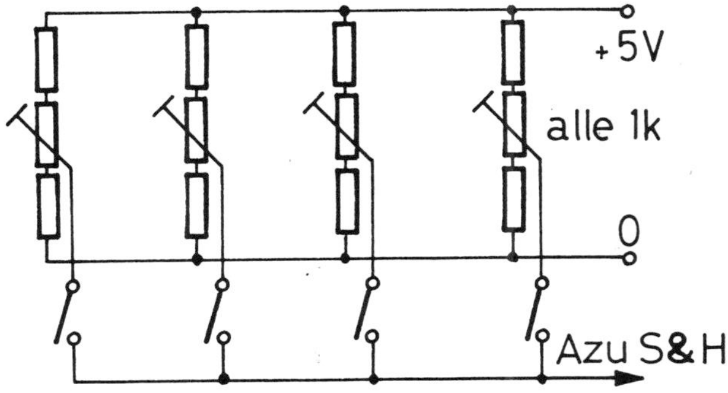

Abb. 3

Abb.5

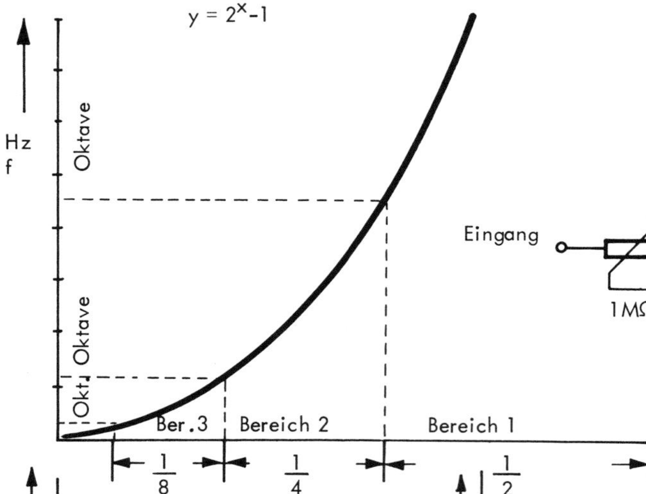

Abb.6

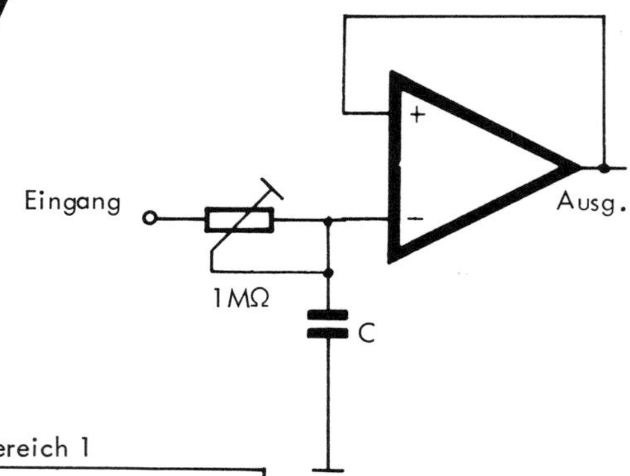

Abb.7

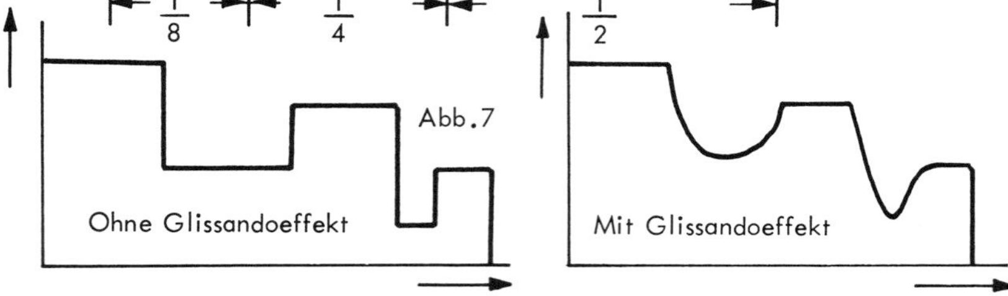

Abb.8 Werte für R_1 ... R_n für jede Oktave gleich.

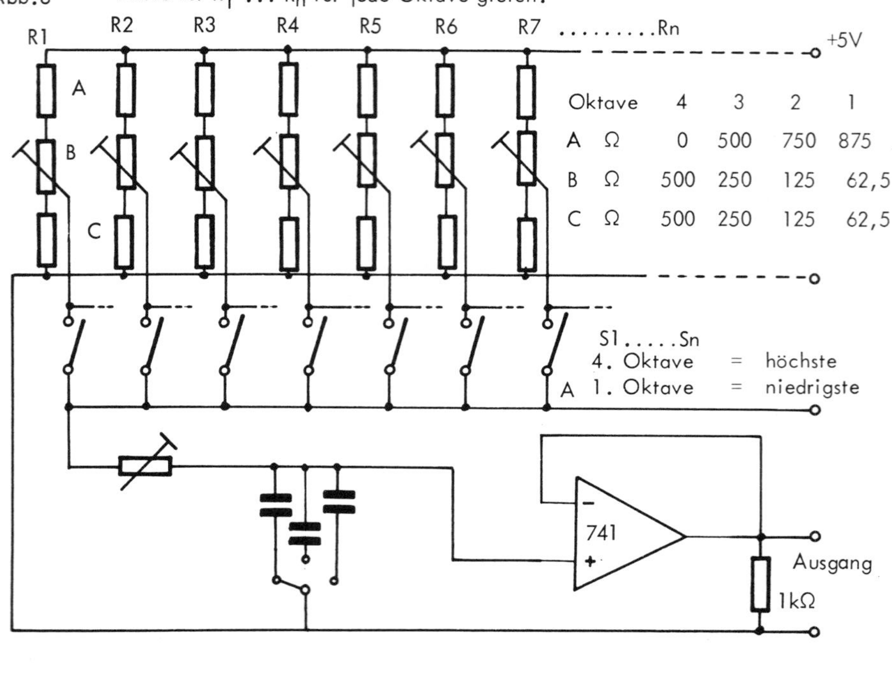

Oktave		4	3	2	1
A	Ω	0	500	750	875
B	Ω	500	250	125	62,5
C	Ω	500	250	125	62,5

Funktionsweise des VCO

Durch die Eingangsspannung wird der Integrationskondensator C langsam bis zum Schwellenwert des Komparators aufgeladen, was eine linear ansteigende Spannung am Ausgang des Integrators (IC 1) zur Folge hat. Beim Umschalten des Komparators wird der Kondensator über die Diode D schlagartig ent- bzw. umgeladen. Da die Umladespannung sehr viel höher als die von außen zugeführte Aufladespannung ist, geschieht diese Umladung (nach der Wirkungsweise eines Integrators) auch sehr viel schneller, was zu einem sägezahnartigen Verlauf der Ausgangsspannung des Integrators führt.

Abgleich

Für viele Anwendungen dieser Schaltung ist ein äußerst geradliniger Verlauf der Steuerspannungs-Frequenzkurve notwendig. Dazu muß diese Kennlinie oft noch durch den Nullpunkt gehen, was zunächst bei einer VCO-Schaltung garnicht so selbstverständlich ist. (Abb. 1)

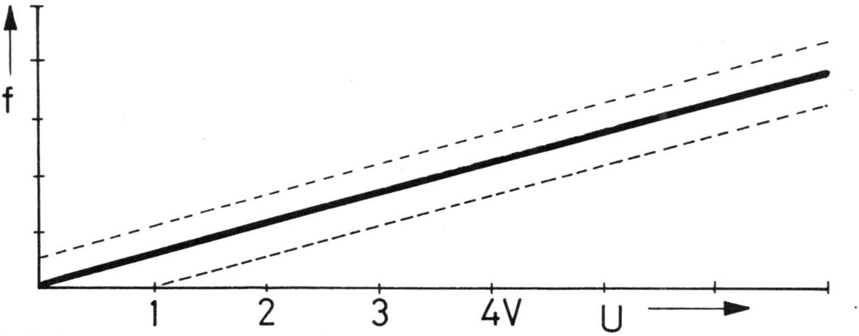

Abb. 1: Steuerspannungs-Frequenzkurve

Nullpunktabgleich: Für geübte Ohren (es genügt die Fähigkeit, eine Oktave zu erkennen) läßt sich der VCO mit ganz einfachen Mitteln ohne Meßgeräte abgleichen.
Eine Schaltung gemäß Abb. 2 wird aufgebaut. R_1 muß genau gleich R_2 sein. Daher Meßwiderstände mit engen Toleranzen verwenden oder Potentiometer verwenden, das mit Spannungsmesser genau einjustiert wird.

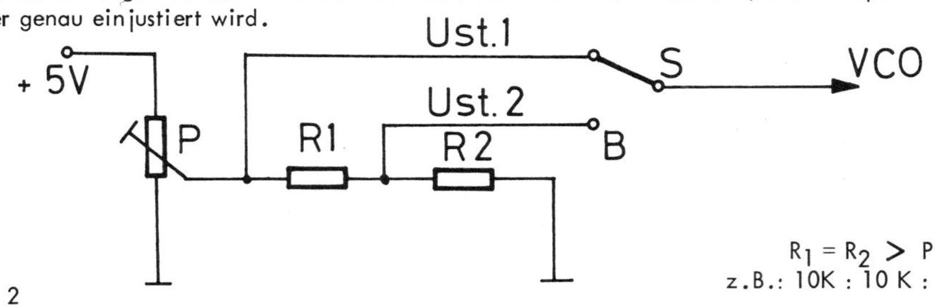

$R_1 = R_2 > P$
z.B.: 10K : 10 K : 1 K

Abb. 2

Aufgrund der Eigenschaften eines VCO muß dieser bei der Stellung A des Schalters immer eine Frequenz am Ausgang erzeugen, die doppelt so hoch ist, wie diejenige bei Schalterstellung B, ganz gleich, wie P eingestellt ist. Macht man die Signale des VCO hörbar, so äußert sich die Frequenzverdoppelung in einer Oktave. Voraussetzung: Der VCO arbeitet linear und R_1 ist gleich R_2 und damit Ust. 1 = 2 mal Ust. 2.
Eine Offsetfehlspannung an IC 1 äußert sich durch eine Verschiebung der Kennlinie vom Nullpunkt weg. Dies wirkt sich vor allem bei niedrigen Steuerspannungen sehr störend aus. (Abb. 1, gestrichelte Linie. Eine Steuerspannungsverdopplung bringt keine Frequenzverdopplung!)

Zum Abgleich ist eine sehr niedrige Steuerspannung zu wählen, so daß der VCO gerade noch einen tiefen Brummton von sich gibt. Nun wird mit S die Steuerspannung verdoppelt. Dabei ist die Offsetkompensation (P_1 Schaltbild) so lange zu regeln, bis exakt eine Oktave erklingt. Diese Methode erfordert einige Übung, zumal sich beim Verändern von P_1 natürlich die Gesamtfrequenz und damit der ursprüngliche Grundton ändert. Oft hat man aber noch den letzten Ton im Ohr und kann nicht schnell genug umdenken.

Hysterese Abgleich

Trotz Offsetkompensation kann bei höheren Frequenzen, ab 4 ... 5 Oktave des Hörbereiches, eine Nichtlinearität, d. h. eine Krümmung der Kennlinie auftreten. Bei Versuchen hat sich gezeigt, daß diese durch einen exakten Abgleich des Potis p2 (Schaltbild) kompensiert werden kann. (Etwa 15 K) Dieses als variabler Widerstand geschaltete Poti beeinflußt die Hysterese Schwelle.

Verwendete Bauteile: Für den Integrator und den Komparator wurden beide Male der Typ LM 741 verwendet. Möglicherweise bringt der Einsatz eines teueren OPs im Integrator ein besseres Linearitätsverhalten, so daß der Abgleich einfacher wird oder ganz entfällt.

Je nach gewünschtem Frequenzbereich kann natürlich C beliebig variiert werden. Der Ausgangstransistor dient lediglich als Impedanzwandler und hat keinen Anteil an der eigentlichen Schaltung. Es läßt sich im Prinzip jeder gängige NPN-Transistor verwenden. Bei schwächeren Typen besteht jedoch die Gefahr einer Überhitzung.

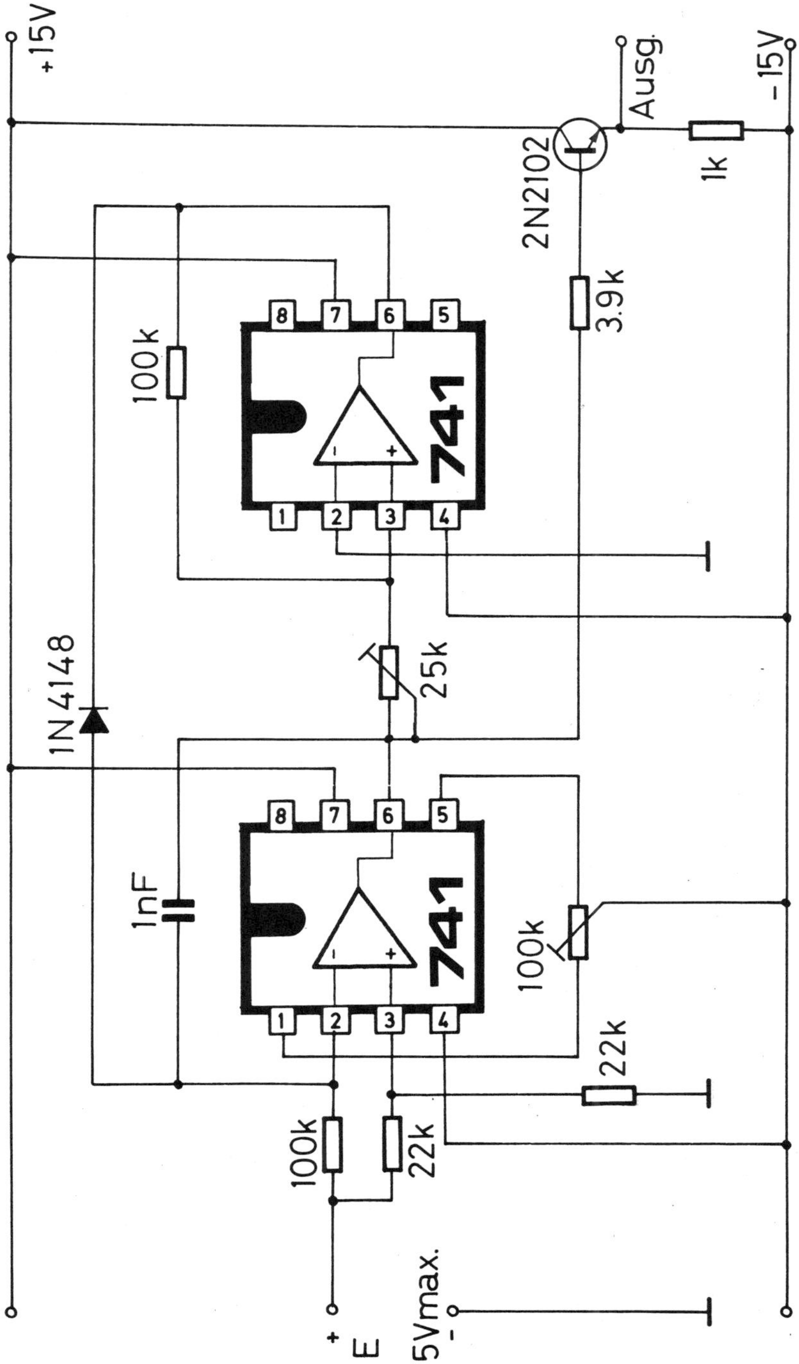
+15V
Ausg.
-15V
2N2102
1k
3.9k
100k
741
25k
1N4148
1nF
100k
741
22k
100k
22k
+ E
5Vmax. -
1
2
3
4
5
6
7
8

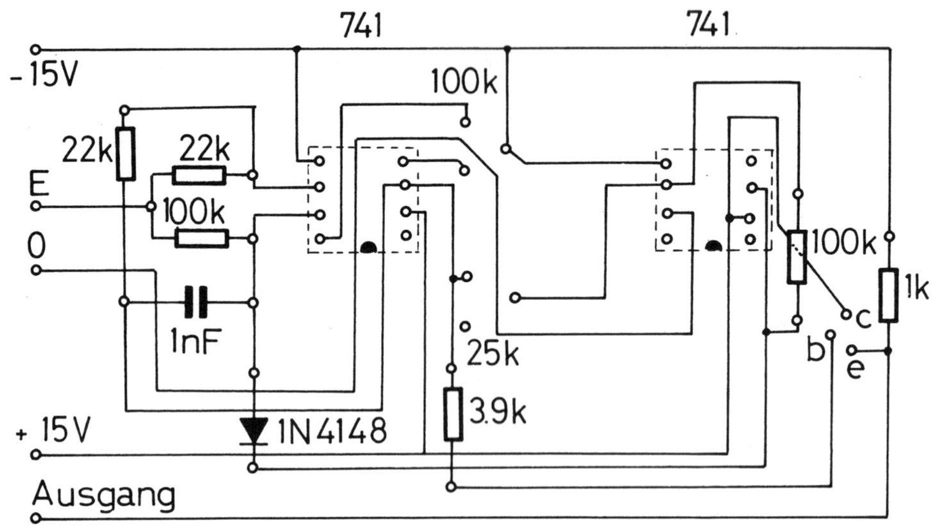

PLATINENENTWURF FÜR V C O (Von unten, also Verdrahtungsseite gesehen)

Breite und Lage der Leiterbahnen können in Grenzen verändert werden. Die Anordnung der Bauteile entspricht weitgehend dem Schaltbild, was eine bessere Übersichtlichkeit mit sich bringt!

Dreieckformer

Dem Funktionsprinzip dieser Schaltung liegt der Gedanke zugrunde, daß sich ein Sägezahnsignal durch eine einfache geometrische Operation (die elektronisch durchgeführt werden kann) in ein Dreieckssignal umwandeln läßt.
Wie im Brückengleichrichter eines Netzgerätes wird die "untere Hälfte" des Signals nach oben geklappt. Dazu ist zunächst erforderlich, daß der Sägezahn in eine Symmetrielage zu Null gebracht wird, was durch den ersten OP geschieht, der als Niveauregler arbeitet. Die nachgeschalteten Dioden (gleiche Typen ausprobieren, z. B. Germaniumdioden aus Ratio Filter) zerlegen das Signal in eine obere und eine untere Hälfte. Die untere Hälfte wird durch einen Inverter umgeklappt und über den Addierer IC 3 dem positiven Restsignal wieder zugefügt. Wichtig ist eine exakte Symmetrielage am Ausgang des IC 1, die sich nach Gehör abgleichen läßt. Das Ausgangssignal klingt bei richtigem Abgleich oberwellenarm und sinusähnlich. Da Sägezahnsignale eine endliche, wenn auch kurze Abfallzeit besitzen, kann das Signal am Ausgang unter Umständen der stark übertriebenen Darstellung in Abb. 2 gleichen. Ein schmaler Nadelimpuls ist dem Nutzsignal überlagert.
Zur Vermeidung dieser Störung dienen die Kondensatoren C_1 und C_2. Bei Erhöhung der Kondensatorwerte auf 0,5 Mikrofarad werden die Zacken der Dreieckfunktion abgerundet, der Ton wird immer ärmer an Oberwellen und damit immer sinusähnlicher. Diese Tatsache ist vor allem bei einer musikelektronischen Anwendung der Schaltung von Bedeutung.
Diese Schaltung hat gegenüber dem Integrator (mit dem sich eine Dreieckkurve aus einem Rechtecksignal formen läßt) den Vorteil, daß sie frequenzunabhängig ist. Die Gegenkopplungswiderstände der Operationsverstärker müssen nicht unbedingt die angeführten Werte aufweisen. Wichtig ist jedoch, daß bei allen drei OPs die Verstärkung genau gleich ist!

Abb.1

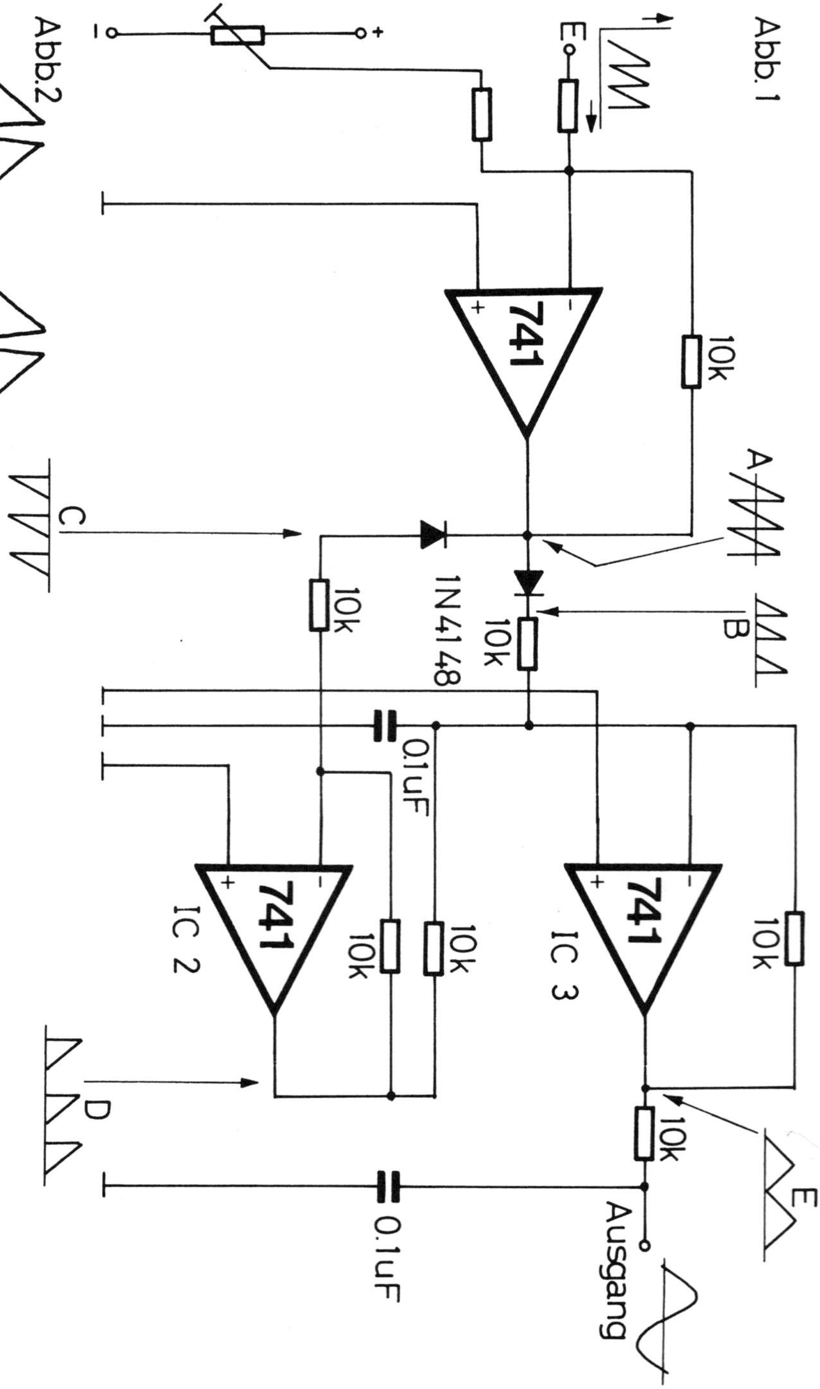

Abb.2

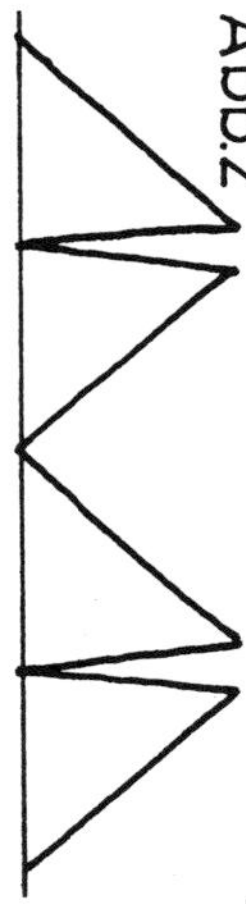

Exponentialgenerator

Der hier beschriebene Exponentialgenerator (-wandler, -konverter, -former) stellt eine Erweiterung der Schaltung auf S. 97 des BIS-Buches, Hofacker Verlag, dar. Es wird eine zusätzliche, der Eingangsspannung entgegengerichtete Kompensationsspannung benötigt, da sonst bei 0 V Eingangsspannung die volle Ausgangsspannung vorhanden wäre. Baut man die Schaltung mit gängigen Operationsverstärkern auf, ergeben sich folgende Gesichtspunkte:

1) Die Eingangsspannung muß negativ sein
2) Sie darf von keiner Gleichspannung überlagert sein
3) Poti R4 und Poti R2b beeinflussen sich gegenseitig erheblich, ein genauer Abgleich ist nicht möglich
4) Das Ausgangssignal ist zu schwach (höchstens 3 und nicht 10 Volt, da sonst die Schaltung übersteuert würde)

Bei der nachfolgenden Schaltung läßt sich jeder Bereich der durch die Transistoren bedingten Exponentialkurve exakt auswählen und beliebig spreizen. Die Eingangsspannung muß positiv sein und kann jeden beliebigen Betrag zwischen 0 und + 15 Volt annehmen. Die Ausgangsspannung ist positiv und zwischen 0 und 15 Volt regelbar. Jeder beliebige Ausschnitt aus der Exponentialkurve ist wählbar. Kompensations- und Eingangsspannung beeinflussen sich nicht.

Aufbau der Schaltung

Wie aus dem Schaltbild ersichtlich ist, wird dem Konverter lediglich ein Addierer vorgeschaltet und ein nichtinvertierender Addierer nachgeschaltet. Durch den vorgeschalteten Addierer wird die Polarität der Eingangsspannung umgekehrt, ein rückwirkungsfreies Überlagern von Eingangs- und Kompensationsspannung gewährleistet und die Eingangsspannung im erforderlichen Maße abgeschwächt.

Der Ausgangsaddierer verstärkt das Signal in gewünschter Weise und kompensiert etwaige Gleichspannungsanteile, die entstehen, wenn lediglich ein beliebiger Ausschnitt der Exponentialkurve gewählt wird.

Abgleich der Schaltung

In Punkt A wird ein VCO oder ein Meßinstrument angeschlossen. Ist die Eingangsspannung 0 Volt, so wird trotzdem, bei beliebiger Einstellung von P2, eine Spannung bei A anliegen. P2 wird nun so eingestellt, daß diese Spannung 0 Volt beträgt. Eine positive Eingangsspannung linearen Anstieges wird nun als Exponentialkurve (Abb. 1) am Punkt A anliegen.

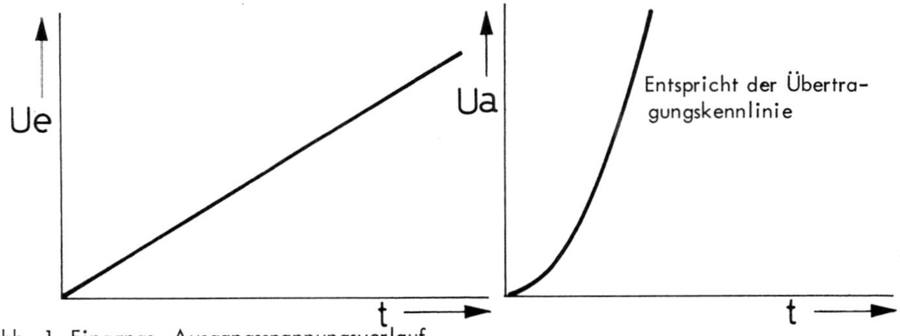

Abb. 1: Eingangs- Ausgangsspannungsverlauf

Zum Test kann z. B. ein langsam laufender Sägezahngenerator verwendet werden. Um den exponentialen Kennlinienbereich der Transistoren nicht zu überschreiten, wird P1 soweit zurückgeregelt, daß durch die vorgegebene Eingangsspannung gerade noch der exponentiale Bereich überstrichen wird.
Nun wird das Meßinstrument am Ausgang angeschlossen und P3 so eingestellt, daß bei 0 Volt Eingangsspannung auch die Ausgangsspannung 0 ist. Durch P4 läßt sich die Ausgangsamplitude auf jeden Wert zwischen 0 und + 15 Volt einstellen.

Auswahl eines Kennlinienausschnittes

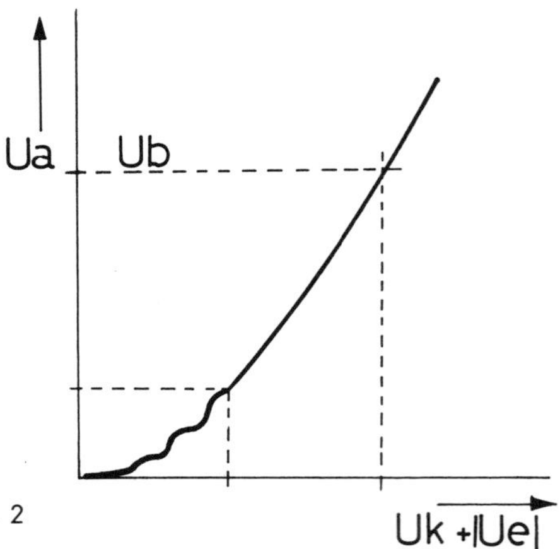

U_k = Kompensationsspannung

U_e = Eingangsspannung (Betrag)

Abb. 2

Sollte die Kennlinie in Nullnähe einen gestörten Verlauf aufweisen (durch Transistoren bedingt), so läßt sich durch folgenden Abgleich ein anderer Bereich wählen:

Instrument an Punkt A! Abgleich von P2 so, daß an A die Spannung U_a anliegt. (s. Abb. 2) Die Eingangsspannung wird nun dazu addiert, so daß sich die Spannung am Punkt A nun von U_a bis U_b bewegt. Um die Restspannung U_a am Ausgang zu kompensieren, wird P3 so eingestellt, (Niveauregelung) daß die Ausgangsspannung sich wieder von 0 Volt an aufwärts bewegt, d. h., daß bei einer Eingangsspannung von 0 auch die Ausgangsspannung 0 ist. Theoretisch betrachtet liegt hier eine Parallelverschiebung der Kurve zuerst nach links und dann nach unten vor. (Abb. 3)

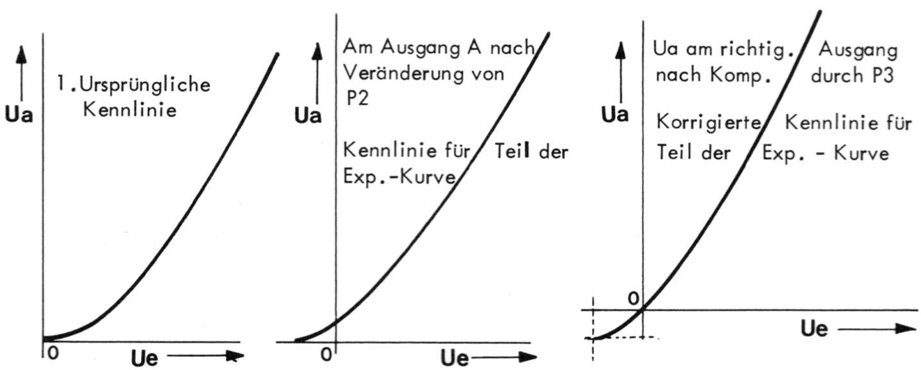

Abb. 3: Darstellung der Exponentialkurve auf dem Oszillografen

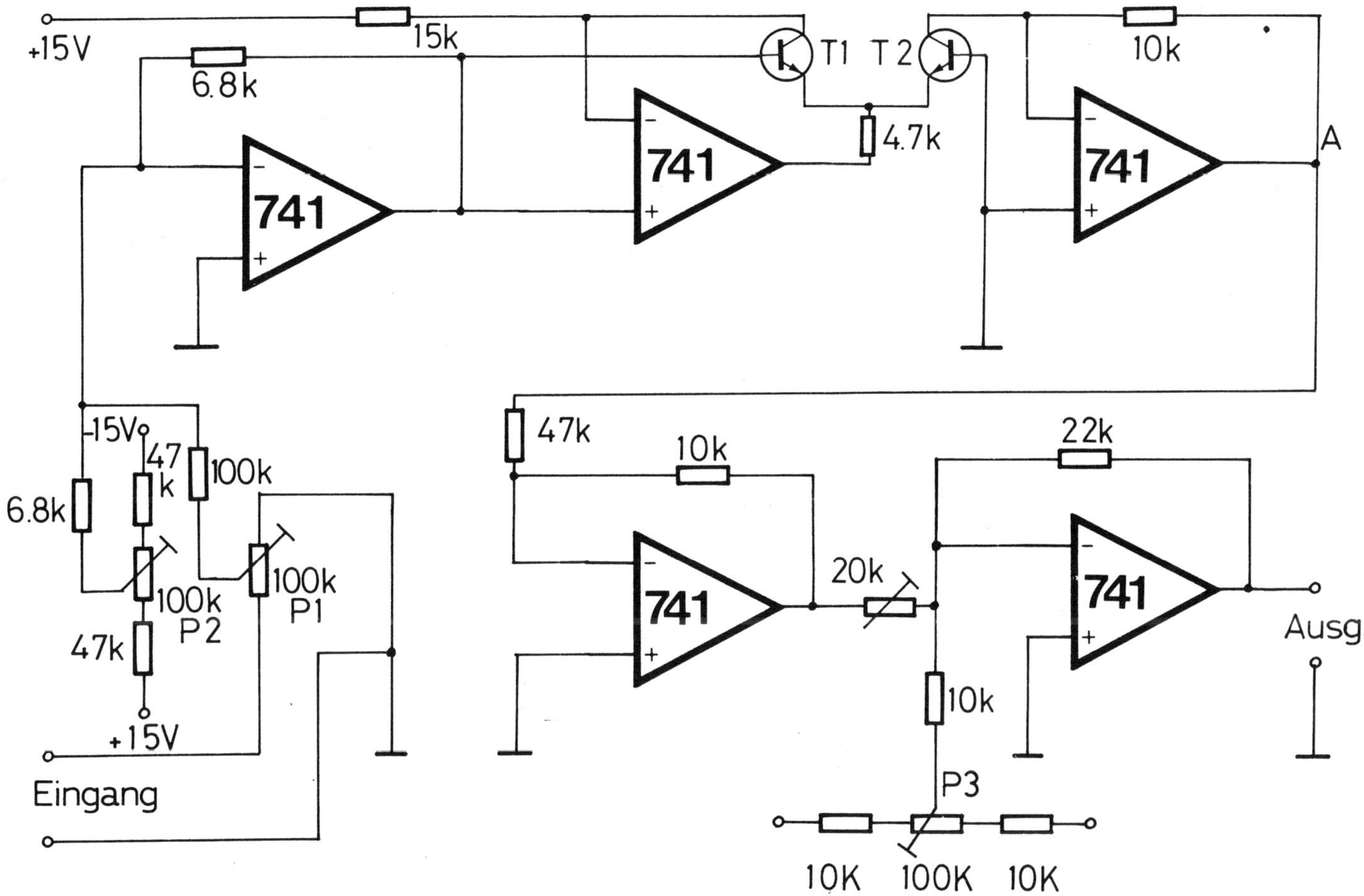
+15V
15k
6.8k
T1
T2
10k
4.7k
741
741
741
A
-15V
47
k
100k
6.8k
100k
P2
100k
P1
47k
+15V
Eingang
47k
10k
22k
20k
741
741
Ausg.
10k
P3
10K
100K
10K

Steuert man den Exponentialkonverter mit einem Sägezahn positiven Anstieges und einer Frequenz von mindestens 20 Hertz an und triggert man mit diesem Sägezahn gleichzeitig die horizontale Ablenkung des Oszillografen, so erhält man ein deutliches Bild der Exponentialkurve, wenn man den Ausgang des Konverters gleichzeitig dem vertikalen Ablenkteil des Oszillografen zuführt. Auf diese Art läßt sich der richtige Abgleich korrigieren und kontrollieren.

Die verwendeten Transistoren:

Für eine Anwendung, bei welcher es nicht unbedingt auf einen mathematisch genauen Verlauf der Exponentialkurve ankommt, genügt die Verwendung bekannter NPN-Typen wie z. B. BC 109 oder BC 172 usw. (Ausprobieren!)
Die Verwendung des temperaturkompensierten Differenztransistorarrays uA 726 (oder äquivalenterTypen) bringt eine Verbesserung der Genauigkeit der Kurve mit sich.

Anwendungsgebiete:

Die Schaltung eignet sich vor allem zum Nachschalten an Kontur- und Frequenzmodulationsgeneratoren von Musiksynthesizern. Diese Generatoren, die Frequenz oder Amplitude eines Tonsignals oder die Mittenfrequenz eines Filters steuern, haben meist einen linearen Anstieg. Da der Bau unseres Ohres jedoch erst einen exponentialen Lautstärke- oder Frequenzanstieg als linear, d. h. gleichmäßig empfindet, bewirkt das Nachschalten dieses Konverters eine deutliche Verbesserung des Klangeindruckes.

Mit diesem Konverter läßt sich natürlich auch ein VCO über das Tastenmanual ansteuern, was den Vorteil hat, daß die Stimmwiderstände alle gleich groß sein müssen, ein Abgleich entfällt. (Siehe Artikel über Sample and Hold Schaltungen). In diesem Falle sind jedoch hohe Anforderungen an die Genauigkeit der Schaltung gestellt. Ein Abweichen der Kurve vom genauen mathematischen Verlauf würde sich sofort in falschen Tönen äußern.

IC-KIT Digitallabor

IC-KIT Digitallabor

1. Allgemeines
Im Zeitalter der Microcomputer ist es wichtig, sich eine solide Wissensgrundlage zu schaffen. Hier steht natürlich die Digitaltechnik an erster Stelle. Um die Zusammenhönge in Microprocessorschaltkreisen verstehen zu können, ist es wichtig, auch die elementare Digitaltechnik zu kennen. Das nachfolgend beschriebene Digitallabor soll Ihnen bei der Einarbeitung helfen und darüber hinaus bei späteren Schaltungsaufbauten als praktisches Experimentiersystem dienen.

2. Systembeschreibung
Das IC-KIT Digitallabor ist in einem handlichen Pultgehäuse untergebracht. Es bietet die Möglichkeit, 40, 28, 24, 16, 14 und 22polige DIL-Gehäuse zum Experimentieraufbau in Sockel zu stecken. Auch alle Verbindungen können gesteckt werden. Diskrete Bauteile werden auf Adapter gesetzt. (s. Foto) In die Pultfrontplatte sind alle Bedienungselemente, Buchsen und Anzeigeeinheiten eingebaut.

Im System sind folgende Hilfsschaltungen untergebracht. Alle Ausgänge sind an Buchsen auf der Pultplatte herausgeführt.

a) Acht prellfreie Schalter
b) Acht Indikatorlampen (Bezugspunkt umschaltbar), d. h.,sie leuchten entweder bei L oder bei H an den Eingängen auf.
c) Taktgeber für 1 s, 2 s, 4 s, (s = Sekunde)
d) 1 Frequenzgenerator umschaltbar (5 Bereiche), einstellbares Tastverhältnis
e) Festverdrahtete NAND-, NOR- und NICHT-Funktionen

3. Einzelfunktionsbeschreibung

3.1 Acht prellfreie Schalter
Im Mittelteil der gedruckten Schaltung finden wir vier 7400 Gatterbausteine. Da für jede Entprellschaltung zwei NAND-Gatter benötigt werden, kann man damit 8 Taster entprellen.

Die Eingänge der Tastenentprellschaltung sind mit E1 bis E8 gekennzeichnet. Hier werden die einzelnen Umschalter wie folgt angeschlossen:

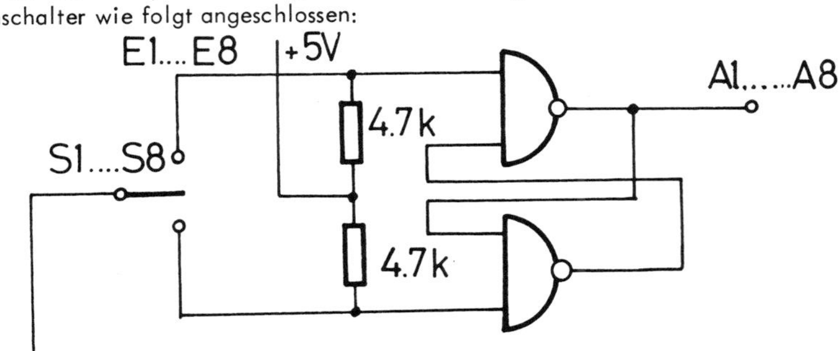

Die entprellten Ausgänge können bei A1 bis A8 abgenommen werden. Sie werden auf Buchsen aus der Frontplatte herausgeführt. Die Schalter S1 ...S8 sind auch auf der Frontplatte untergebracht.

3.2 Acht Indikatorlampen (unterer Teil der Platine)
Neben entprellten Schaltern benötigt man beim Experimentieren auch Indikatorlampen. Hier können wir mit einem logischen Pegel an die Buchse gehen und eine LED aufleuchten lassen. Durch die Vorschaltung von Ex-ODER-Gattern kann über S9 der Bezugspunkt festgelegt werden. In einem Fall leuchtet die zugehörige LED bei logisch Null (L) an der entsprechenden Eingangsklemme (X1 ....X8). Im anderen Fall leuchtet die LED bei logisch Eins (H) an der entsprechenden Eingangsklemme (X1....X8).

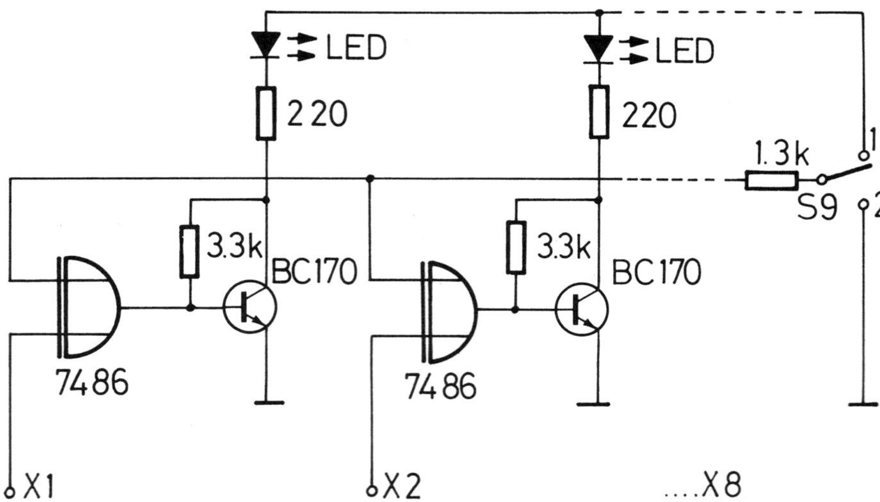

Stellung S9
1 Anzeigen leuchten bei L (Low)
2 Anzeigen leuchten bei H (High)

3.3 Taktgeber für 1s, 2s, 4s,
Ein einfacher Taktgeber für langsame Takte ist mit Transistoren aufgebaut. (Platine links oben von der Leiterbahnseite her gesehen)
Ein astabiler Multivibrator aus 2 2N3704 steuert einen Schmitt-Trigger 74132 an. Danach erfolgt eine Frequenzteilung durch zwei und durch vier.

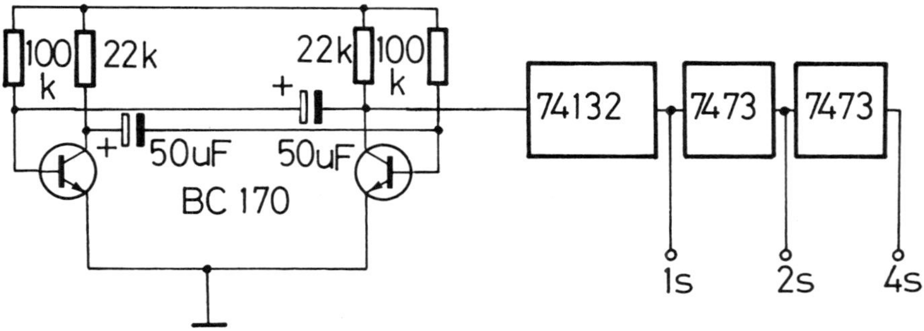

An den Ausgängen mit Sek. (1, 2, 4, oben im Bild) können die Signale abgenommen werden.

3.4 Frequenzgenerator umschaltbar (5 Bereiche)
Die Printvorlage befindet sich von der Leiterbahnseite her gesehen, rechts oben auf der Platine.
Die Anordnung besteht aus zwei monostabilen MVB 74123 und einer Teilerstufe.
Die Frequenzumschaltung erfolgt durch einen 5-poligen Drehschalter mit zwei Ebenen. Das Tastverhältnis kann durch die extern angeordneten Potentiometer P1 und P2 eingestellt werden.
Die Ausgänge S1....5 und S6 ....10 am rechten oberen Ende werden mit dem Zweiebenenschalter verbunden.
A1, A2, A3 werden auf Buchsen in der Frontplatte herausgeführt. Hier können die Impulse abgenommen werden.
Die Potentiometer P1 und P2 liegen mit dem Abgreifer auf + 5V (positive Betriebsspannung) und mit dem einen Ende auf den Eingangsklemmen P1 und P2 der Platine.
Die Klemmen SW1 und SW2 werden an die beiden gemeinsamen Punkte des Drehschalters angeschlossen.

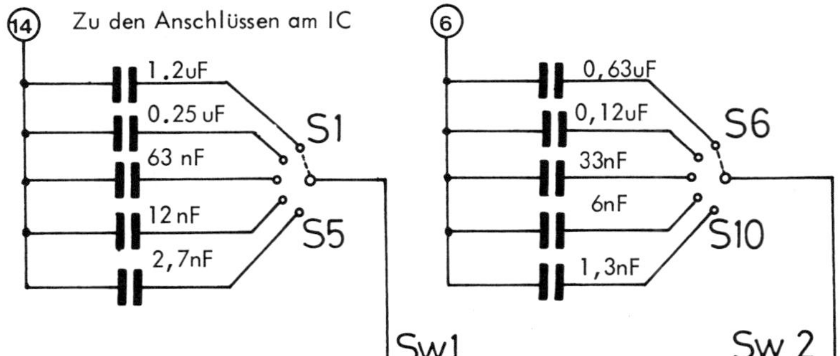

Die Kondensatoren und ICs werden entsprechend den Markierungen eingelötet.

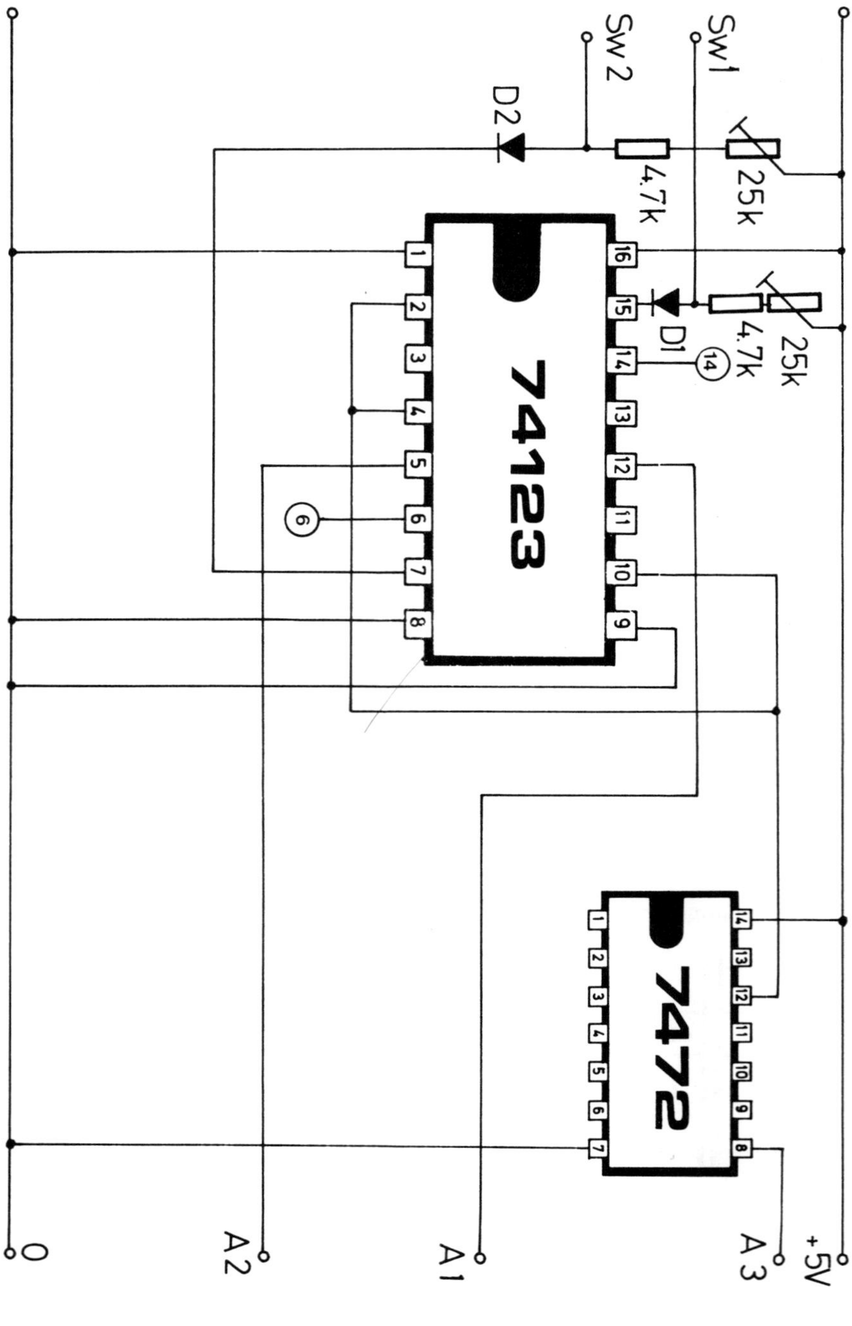
74123
7472
Sw1
Sw2
D1
D2
25k
25k
4.7k
4.7k
+5V
A1
A2
A3
0

Leiterplatte

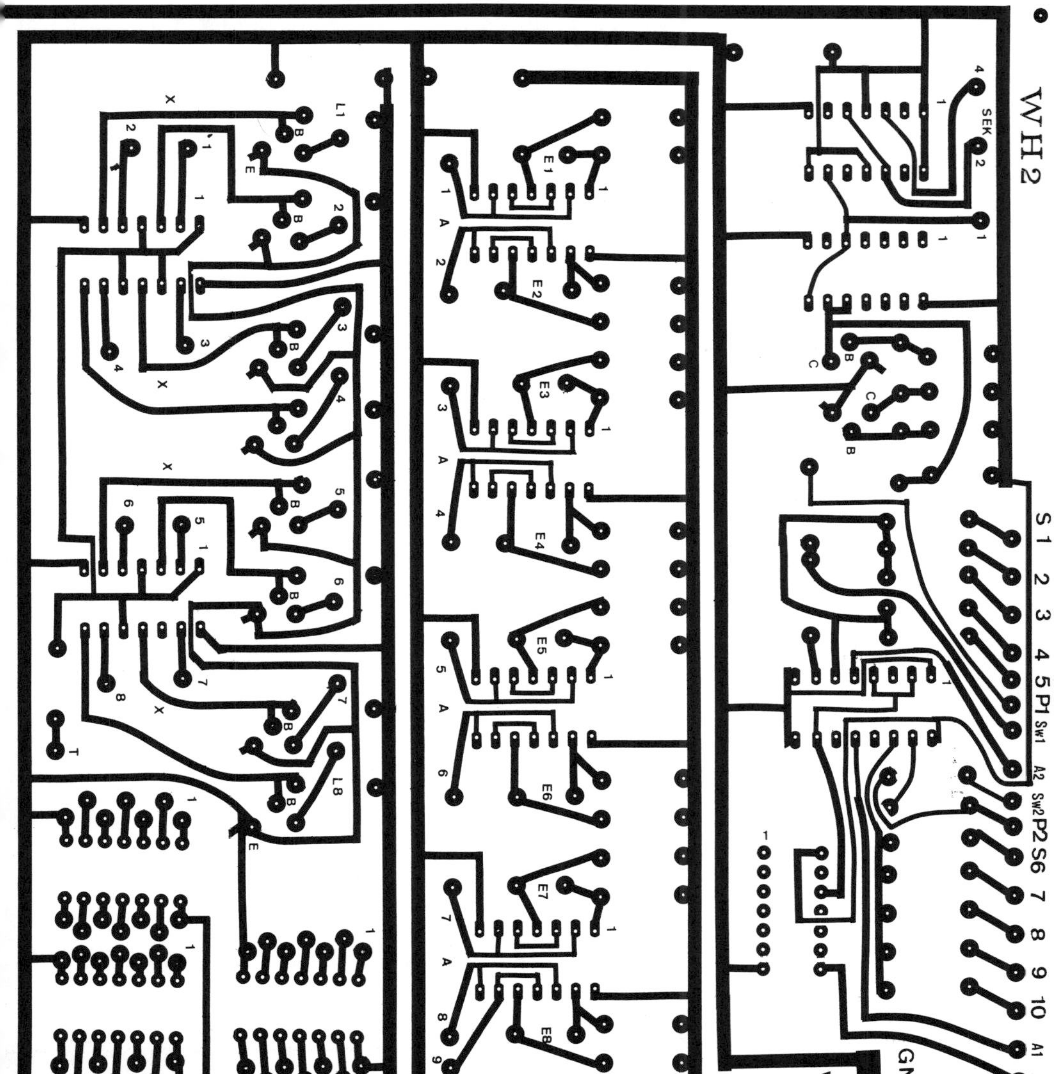

3.5 Festverdrahtete Funktionen

Rechts unten auf der Platine (von der Bestückungsseite her gesehen), befinden sich drei weitere ICs zur Erzeugung einiger wichtiger Grundfunktionen, die man beim Experimentieren immer wieder braucht.

1 x 7404 (Sechs Inverter)
1 x 7410 (3 NAND mit je drei Eingängen)
1 x 7427 (3 NOR mit je drei Eingängen)

Hier sind die Betriebsspannungen angeschlossen. Die Gatter-Ein- und Ausgänge werden mit den zugehörigen Buchsen auf der Frontplatte verbunden.

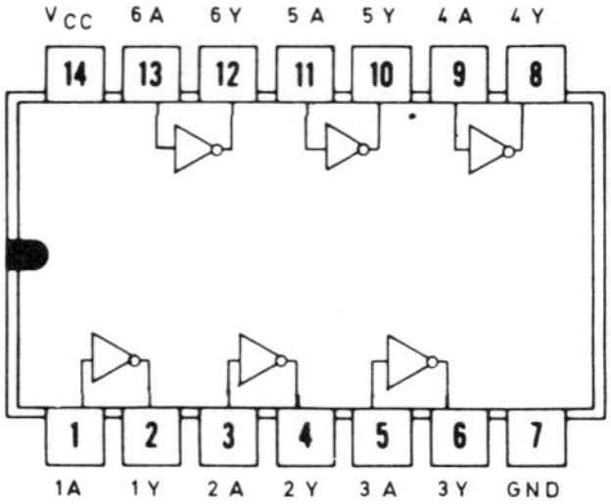

7404

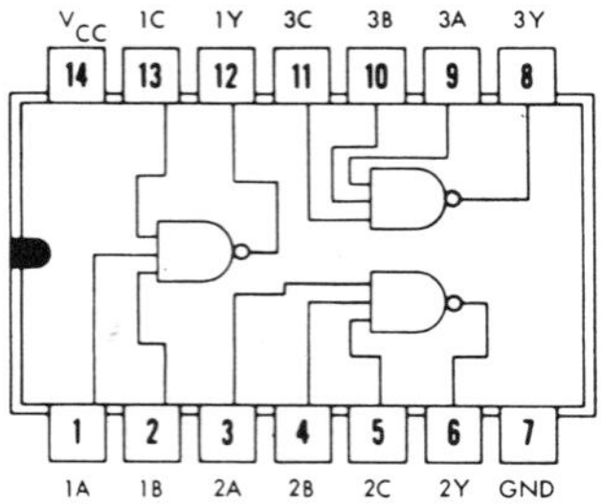

7410

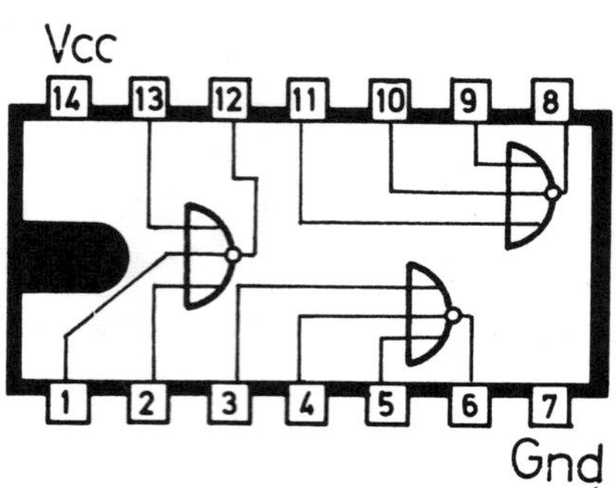

7427

Das IC-KIT-Labor kann als Bausatz oder als fertig verdrahtetes und geprüftes System vom Hofacker-Verlag bezogen werden.

Die Fotos zeigen das Gehäuse des IC-KIT Digitallabors. An der Pultfrontseite werden alle Schalter, LED-Anzeigen und Taktgeberausgänge herausgeführt. So sind alle Bedienelemente in übersichtlicher Form und leicht erreichbar angebracht.

Das Gehäuse, sowie die Experimentierplatine sind auch einzeln beim Fachhandel oder direkt beim Verlag erhältlich.

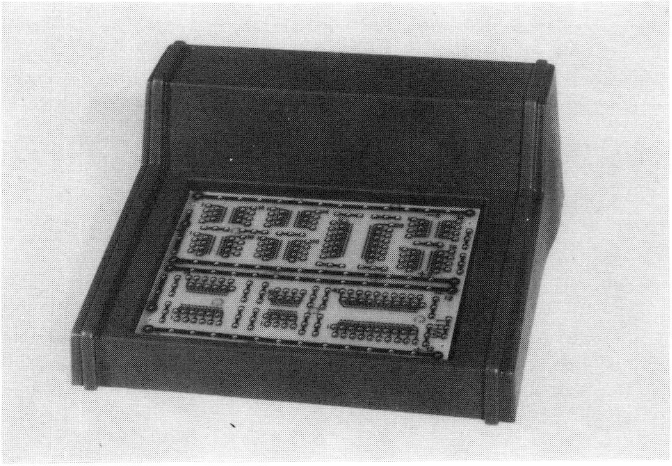

Gehäuseabmessungen: 300 x 280 x 130 mm
Farbe: Rotorange, genarbt (Ledereffekt)

Testschaltung für integrierte Bausteine (IC-Tester)

Einfacher Digital IC-Tester

Allgemeines

Mit der nachfolgend beschriebenen Schaltung kann man auf einfache Weise integrierte Schaltungen im 16, 14 und 8poligen DIL-Gehäuse prüfen und identifizieren.
Es können alle TTL, DTL, RTL oder C MOS-Schaltkreise getestet werden.
Nun können Sie zum Experimentieren preiswerte ICs 2. Wahl kaufen und diese selbst testen.
Weiterhin haben Sie bei der Schaltungsentwicklung oder beim Verkauf von Bauteilen die Möglichkeit, ein IC auf schnellste Weise auf seine Funktion hin zu überprüfen.
Der Tester läßt sich so im Labor oder im Fachgeschäft bestens zum Überprüfen von digitalen, integrierten Schaltungen einsetzen.

Schaltungsbeschreibung

Die Testschaltung besteht aus einem 16poligen DIL-Sockel. Jeder Anschluß wird auf drei Steckbuchsen (Klemmen) und über einen Inverter (aus 7404) und einem Widerstand auf eine Leuchtdiode geführt.

Für die Zuführung der verschiedenen logischen Pegel wird eine Klemmschiene benötigt. Diese besteht aus 8 untereinander verbundenen Steckbuchsen. Alle sind mit + 5 V (High) verbunden. Eine gleiche Verbindungskette (Klemmschiene) wird auch mit 0 V = Low hergestellt.
Zur Vermeidung von Kurzschlüssen bei der Identifizierung werden zwei weitere Klemmleisten benötigt, die über Widerstände mit 0 V und + 5 V verbunden sind.
Jetzt haben wir die Möglichkeit, alle Anschlüsse des zu testenden ICs mit den erforderlichen logischen Pegeln zu beschalten.

Aufbau der Schaltung

Es empfiehlt sich, den Aufbau der Schaltung auf einer Lochrasterplatte vorzunehmen. Die lösbaren Verbindungen können mit blankem Steckermaterial (beim Verlag erhältlich) ausgeführt werden. Der Aufbau ist unkritisch.
Es können beliebige LEDs verwendet werden.

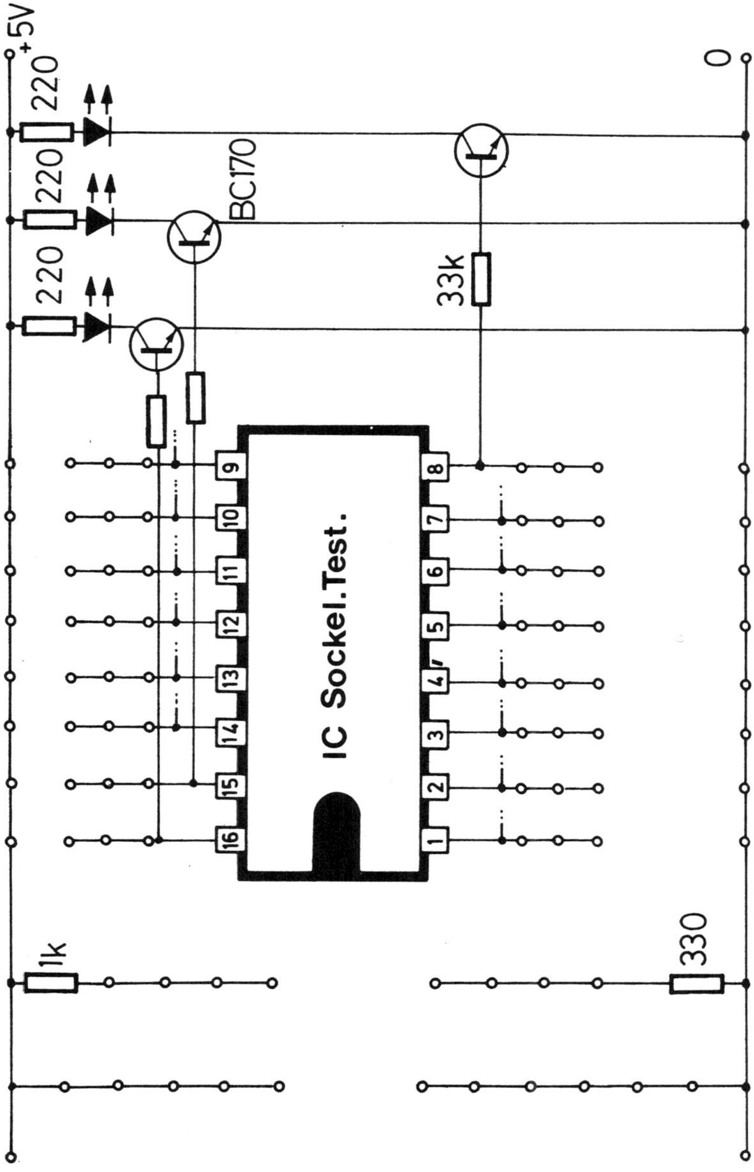
+5V
220
220
220
BC170
33k
IC Sockel.Test.
1k
330
0
1 2 3 4 5 6 7 8
9 10 11 12 13 14 15 16

Testen von digitalen, integrierten Schaltungen

1. Stromversorgung abschalten,
2. IC in Sockel stecken,
   Bei kleineren ICs (8, 14polig) links bündig anschließen. Dies erleichtert das Zählen der Anschlüsse,
3. Betriebsspannung anlegen,
4. Beobachtung der LEDs
   Leuchten alle LEDs, ist der Schaltkreis kurzgeschlossen.
   Fühlen Sie, ob sich der Schaltkreis erwärmt. Wenn ja, ist ein innerer Kurzschluß.
5. Wenn nicht, können Sie den Test fortsetzen, indem Sie die logischen Pegel lt. Datenblatt an die Eingänge legen und die Ausgangsleuchtdioden beobachten.
6. Will man Zähler, Flip-Flps etc. testen, muß oft ein Impuls erzeugt werden. Dies können Sie durch fortwährendes Unterbrechen der Pegelzufuhr erreichen.
7. Identifizieren von unbekannten Schaltkreisen.
   Die hier beschriebene Schaltung kann auch zum Identifizieren von unbekannten Digital ICs ohne Stempelung verwendet werden. Man benötigt dazu sehr viel Geschick, Geduld und ein Datenbuch.
8. Unbekanntes IC in den Testsockel stecken. Alle Anschlüsse mit dem + 5 V Anschluß nacheinander in Verbindung bringen.
   Wenn entweder alle Leuchtdioden aufleuchten oder nur die Leuchtdiode aufleuchtet, die Sie mit der + 5 V Leitung berühren, dürfte das IC defekt sein.
9. Wenn bei 16 und 14poligen ICs durch Berühren der Eckanschlüsse

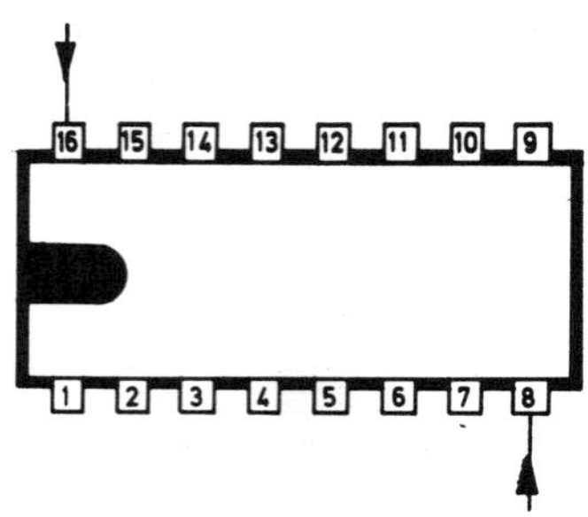

   mit + 5 V einige Leuchtdioden aufleuchten und einige nicht, so ist Pin 14 der positive Versorgungsanschluß und Pin 7 der negative Versorgungsanschluß. Bei 16poligen ICs sind dies dann Pin 16 und Pin 8.
   Die Suche nach den Versorgungsanschlüssen ist meist erfolgreich, wenn man darauf achtet, daß die Berührung eine möglichst große Anzahl LEDs,über den ganzen Chip verteilt, aufleuchten läßt.
10. Hat man die Betriebsspannungsanschlüsse festgestellt, kann man das IC anschließen und die LEDs wieder beobachten. LEDs, die vorher an Floating-Eingängen waren, d. h. weder high noch low (dunkel geflackert haben), sollten nach Anlegen der Betriebsspannung (+ 5 V und 0) auf log. 1 gehen, d. h. sie müßten jetzt hell leuchten.

    Nun wird der 0 V-Anschluß über 330 Ω an alle High-Anschlüsse (d. h. alle Anschlüsse, deren LEDs leuchten) gelegt.
    Alle Anschlüsse, deren LEDs dadurch erlöschen, könnten Eingänge sein. Alle anderen Anschlüsse könnten Ausgänge sein.
    Nun kann man einmal im Datenbuch nachsehen, um welches IC es sich handeln könnte.

Multiplexen von Anzeigen

Multiplexen von Anzeigen

Die meisten einfachen Anzeigesysteme bestehen heute aus einem BCD-Zähler, einem Siebensegmentdecoder und einem Zwischenspeicher. Will man jedoch größere Anzeigeeinheiten aufbauen, wächst der Schaltungsaufwand erheblich, da für jede Zählstufe ein Decoder benötigt wird. Hier lohnt es sich dann, meistens die Anzeigen zu multiplexen.

Das Multiplexen von Anzeigen beruht auf einem "Time sharing" Prinzip, welches wir uns wie folgt vorstellen können.

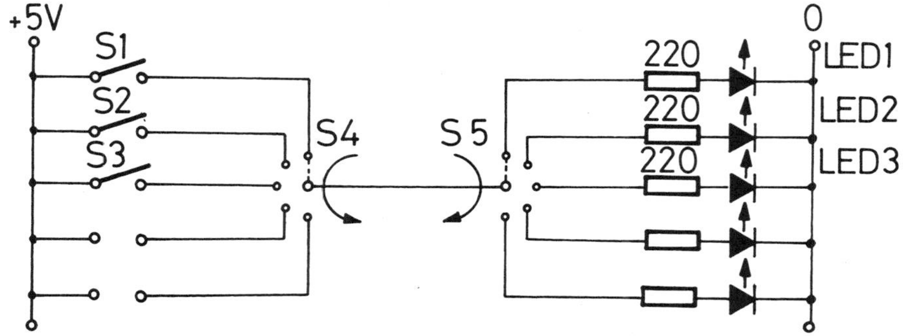

Denken wir uns einmal die beiden Schalter S4 und S5 würden synchron zueinander in Pfeilrichtung geschaltet werden, so erhält die gegenüberliegende Leuchtdiode je nach Schalterstellung Spannung oder keine Spannung. Nehmen wir nun an, daß S1 und S3 geschlossen werden, so wird beim Durchdrehen der Schalter S4 und S5 erst die LED 1 brennen, dann LED 2 erloschen bleiben, dann die LED 2 aufleuchten, dann LED 1 aufleuchten usw.
Stellen wir uns nun vor, daß die Schalter S4 und S5 immer schneller werden, so können wir uns denken, daß wir nun ein stehendes Bild erhalten. LED 1 wird leuchten, LED 2 wird erloschen bleiben und LED 3 wird auch ständig leuchten.
Nun können wir die Schalter S1 - S3 beliebig einstellen und in jedem Falle werden wir die zugehörigen LEDs dauernd erloschen oder dauernd leuchten sehen. Auf die gleiche Art arbeiten die meisten Multiplexsysteme mit LED-Anzeigen.

Einfache Multiplexschaltung für bis zu neun LED-Anzeigen

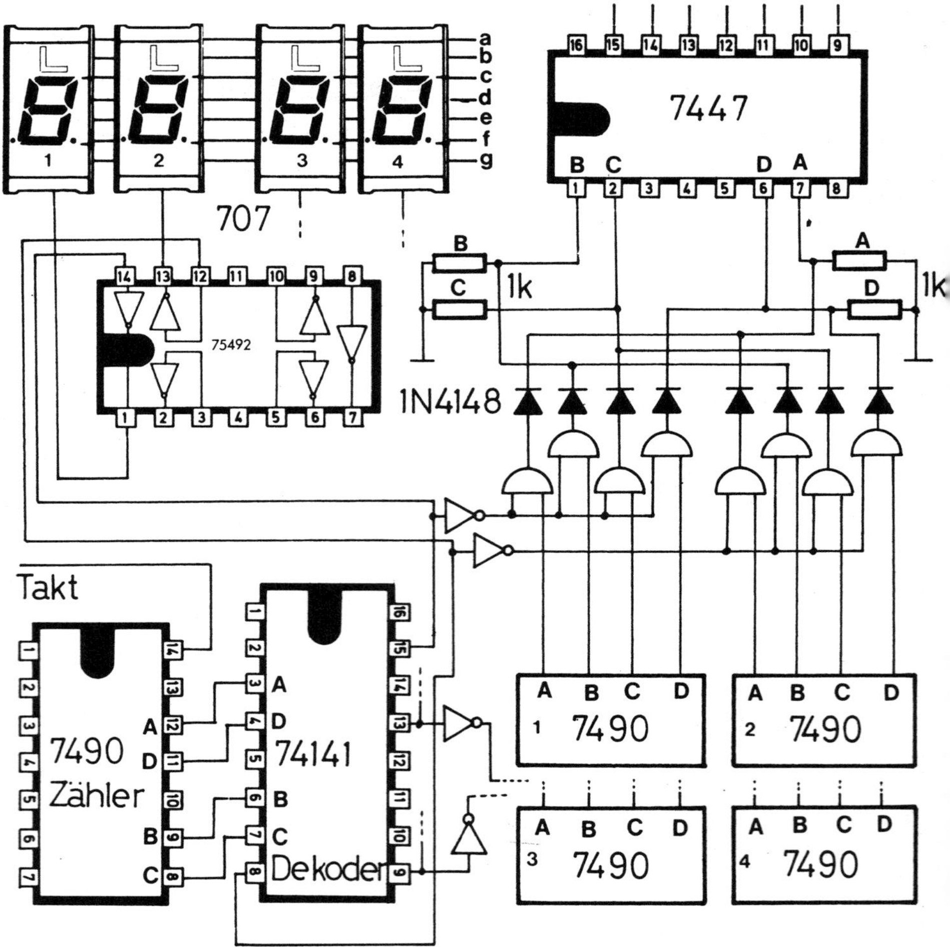

Die Zähler 7490 können z. B. die Ausgänge eines digitalen Instrumentes sein. Vier Decoder sind in unserem schematischen Schaltbild gezeigt. Das System kann jedoch bis auf neun Anzeigen erweitert werden.

Taktgeber, Zähler und Decoder stellen den durchlaufenden Schalter in unserer vorhergehenden Beschreibung dar. Mit dem Taktgenerator kann die Multiplexfrequenz festgelegt werden.

Jeder Ausgang des Decoders steuert eine bestimmte Anzeige an. Gleichzeitig wird über das Verknüpfungsnetzwerk der zugehörige Zähler an den gemeinsamen Siebensegmentdecoder angeschaltet. Die Siebensegmenteingänge der LED-Anzeigen sind alle parallel geschaltet, so daß z. B. alle a-Segmente, b-Segmente etc. gleichzeitig angesteuert werden. Der Digit-Treiber der gewünschten Ziffer jedoch sorgt dafür, daß nur das a-Segment des gewünschten Digit aufleuchtet. Der Takt schaltet dann auf das nächste Digit und über das Verknüpfungswerk wird die Segmentinformation hereingegeben.

Mit einem veränderlichen Taktgenerator können Sie im Bereich von 200 Hz feststellen, daß das Flackern verschwindet und ein stehendes Bild erscheint.

Zufallsgenerator mit vier Digit-Anzeige

Zufallsgenerator mit einer Vier-Digit-Anzeige

Die nachfolgend beschriebene Schaltung eignet sich besonders in elektronischen Spielsystemen.

Mit nur wenigen Bausteinen kann eine recht brauchbare Hobby-Schaltung aufgebaut werden. Es werden ausschließlich handelsübliche Bauelemente verwendet. Als LED-Anzeigeeinheiten können Anzeigen ähnlich 704 (gemeinsame Kathode) verwendet werden.
Alle Widerstände haben 0,25 W Verlustleistung. Nur die Serienwiderstände Rs müssen als 0,5 W Widerstände ausgeführt werden. (150 Ω)

In Stellung A = Freier Lauf, wird der Zähler ständig durchgezählt,
In Stellung B = Stop, hält der Zähler auf einem Stand zwischen 0000 und 9999 an.

Die Schaltung kann als praktischer Zufallsgenerator oder als Würfel, Roulett etc. umgebaut werden.

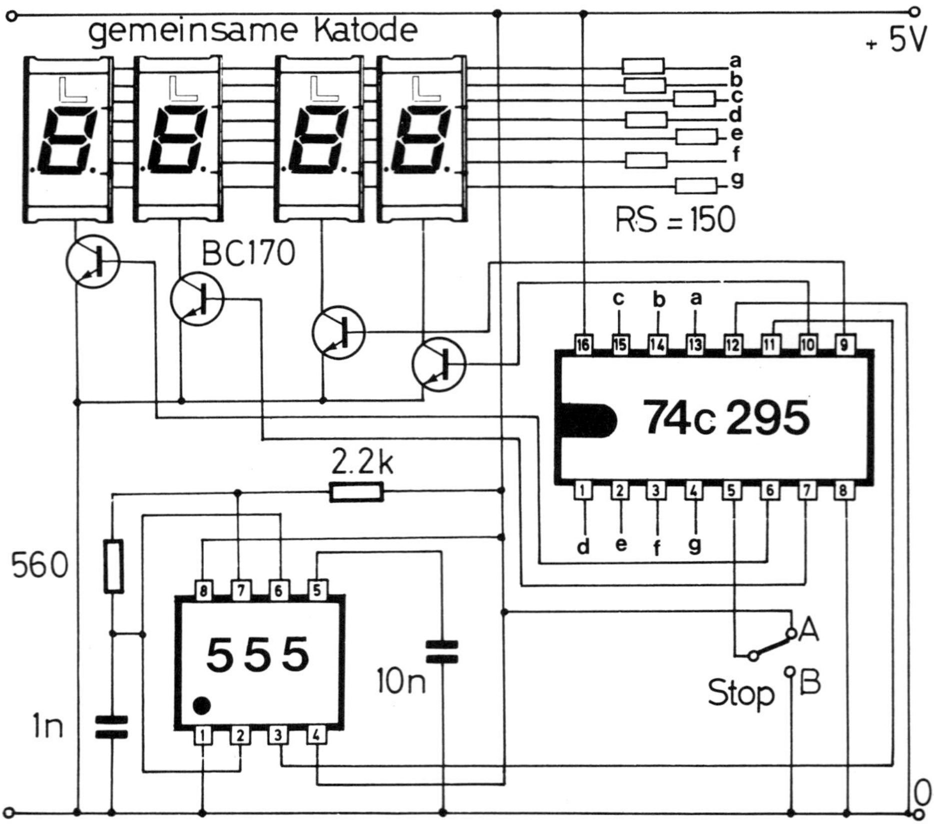

Interessante Schaltungen mit LM 3909

Interessante Blinkschaltungen mit dem LM 3909

Der Baustein LM 3909 ist ein Zeitgeberbaustein, mit dem man bereits bei Betriebsspannungen von 1,5 V eine Leichtdioden-Blinkschaltung aufbauen kann.
Selbst wenn die Leuchtdiode alleine schon eine Spannung von 1,6 V benötigt, können damit Taktgeber und Impulsgeber bis 200 KHz aufgebaut werden.
Als Anwendungsgebiete eröffnet sich ein weiter Bereich unter den Rechteckgeneratoren, Alarmschaltungen, Durchgangstestern etc. Hauptsächlich da, wo auch bei Spannungen von 1,5 V noch Ergebnisse erzielt werden sollen.

1 Hz-Blinker für 1,5 V

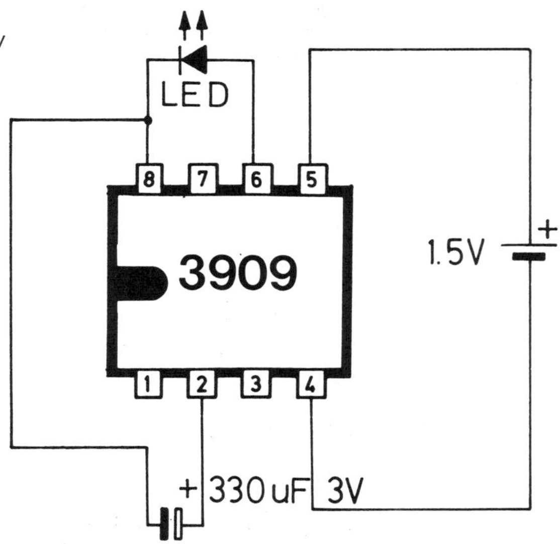

Einstellbare Blinkschaltung von 1 - 20 Hz

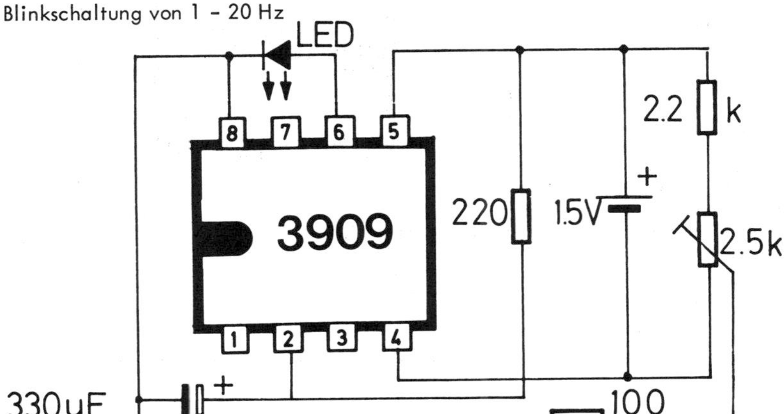

Summer für 1,5 V Durchgangsprüfer

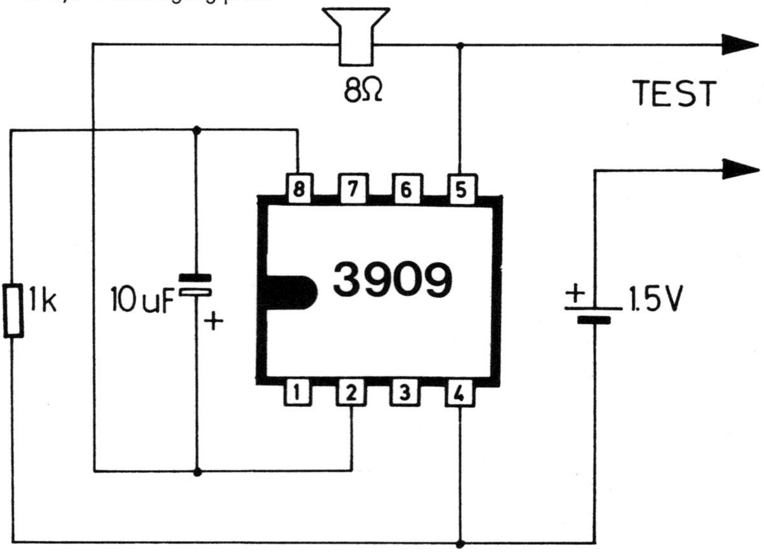

Sirenenschaltung mit LM 3909

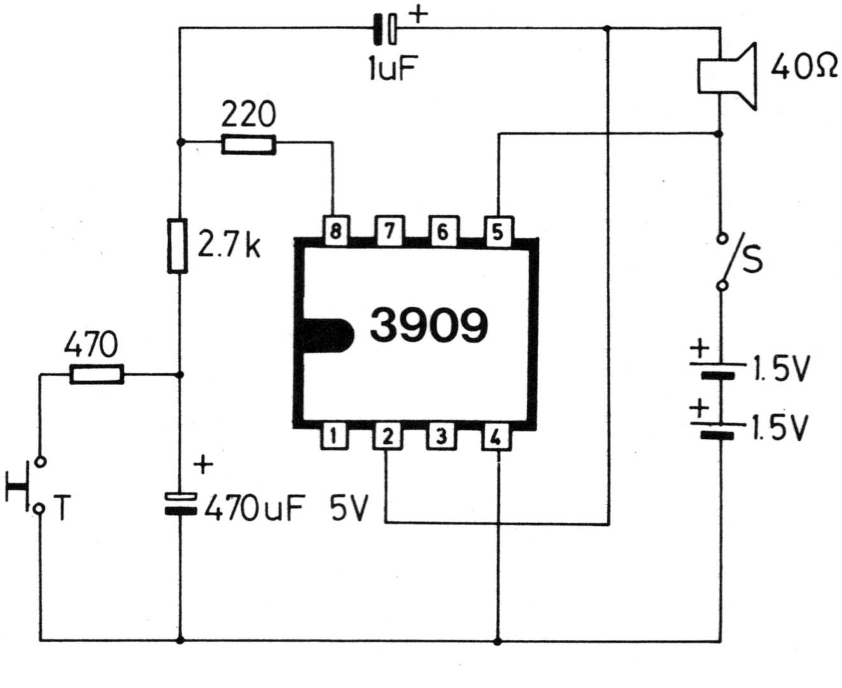

Solarzellengespeister Oszillator

Durch die niedrige Versorgungsspannung eignet sich der LM 3909 bestens zur Solarversorgung.

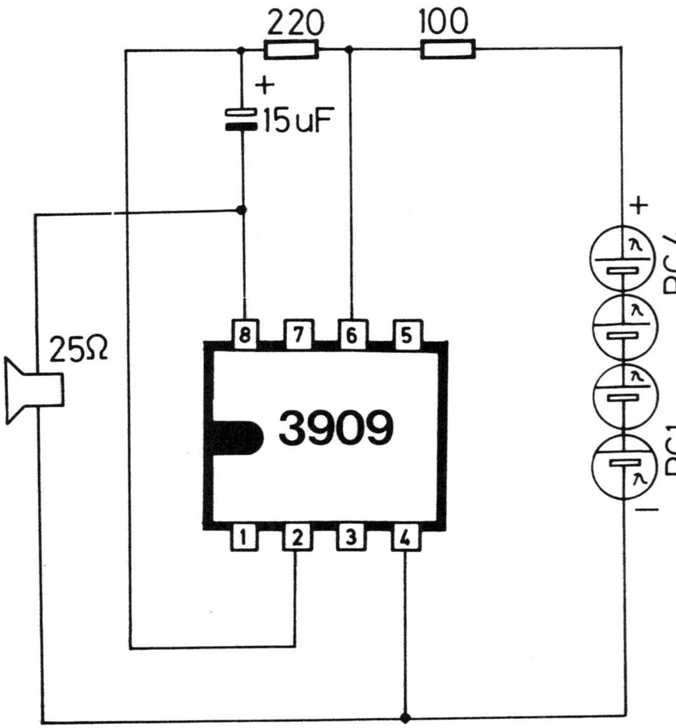

Einfache Stopuhr mit 7205 Timer Baustein

Einfache Stop-Uhr mit 7205 Timer-Baustein

Die nachfolgend beschriebene Stopuhrenschaltung kann Zeiten mit einer Genauigkeit bis zu einer Hundertstel-Sekunde (59.59.99) messen.
(59 Minuten, 59 Sekunden und 99 Hundertstel-Sekunden = Meßbereich)

Der Timer-Baustein 7205 hat bereits einen eingebauten Quarzoszillator und die benötigten Digit- und Segmenttreiber.

Als Anzeige wird eine sechsstellige Anzeige, ähnlich National NSN 1188, verwendet.

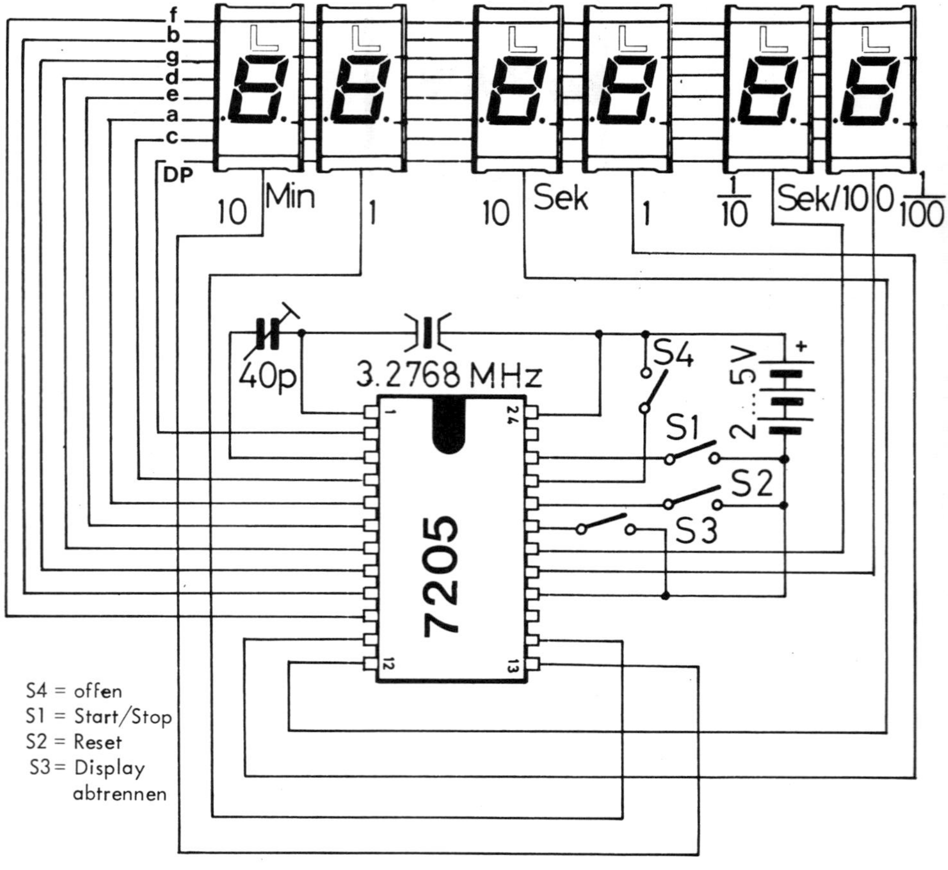

S4 = offen
S1 = Start/Stop
S2 = Reset
S3 = Display abtrennen

Der programmierbare Zähler/ Timer XR 2240

Der programmierbare Zähler, Timer XR 2240

Der programmierbare Timer / Zähler XR 2240 besteht aus einem Timer-Baustein (ähnlich 555) und einem Digitalzähler, vereint in einem 16 pin DIL-Gehäuse.

Anschlußbild

XR-2240

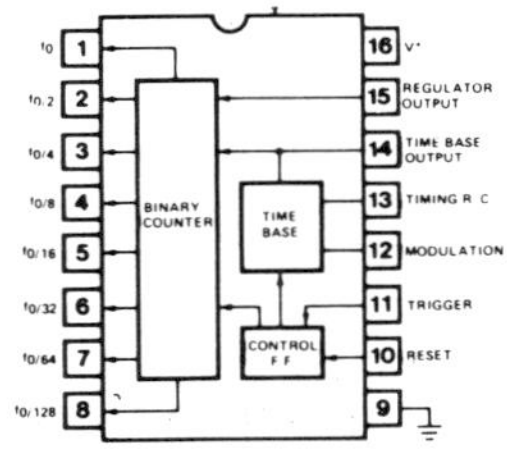

PROGRAMMABLE TIMING CIRCUIT

Time Delay T = RC Is Programmable From 1RC to 255RC
Supply Voltage: 4.5V to 15V
Long Delays With Small Capacitors
TTL Compatible Outputs
Generates Random Pulse Trains
1000 Hour Delay Possible With Two XR-2240's

Mit nur wenigen externen Bauteilen kann bereits ein freilaufender Zähler aufgebaut werden. Die Betriebsspannung kann zwischen 4,5 und 15 V liegen. Die Stromaufnahme beträgt bei 3 V nur ca. 10 mA.
Der interne Oszillator schwingt entsprechend der Zeitkonstante des RC-Gliedes. Der Binärzähler (Klemme 1 - 8) liefert diese Frequenz unterteilt durch die Faktoren 1, 2, 4, 8, 16, 32, 64 und 128.
Am Ausgang haben wir also acht verschiedene Rechteckfrequenzen.
Schaltet man entsprechende Ausgänge zusammen, erhält man die unterschiedlichsten Frequenzgemische. Will man einen Treppenspannungsgenerator aufbauen, braucht man nur einen Widerstand von R = 1 kΩ von Klemme 8 zum Ausgang zu legen. Nun legt man noch von den Klemmen 1-7 die entsprechenden Widerstände 1k x 2, 1 k x 4, 1k x 8, 1k x 16, 1k x 32, 1k x 64 und 1k x 128 an den Ausgang.

Schaltbeispiel für einen astabilen Frequenzgenerator

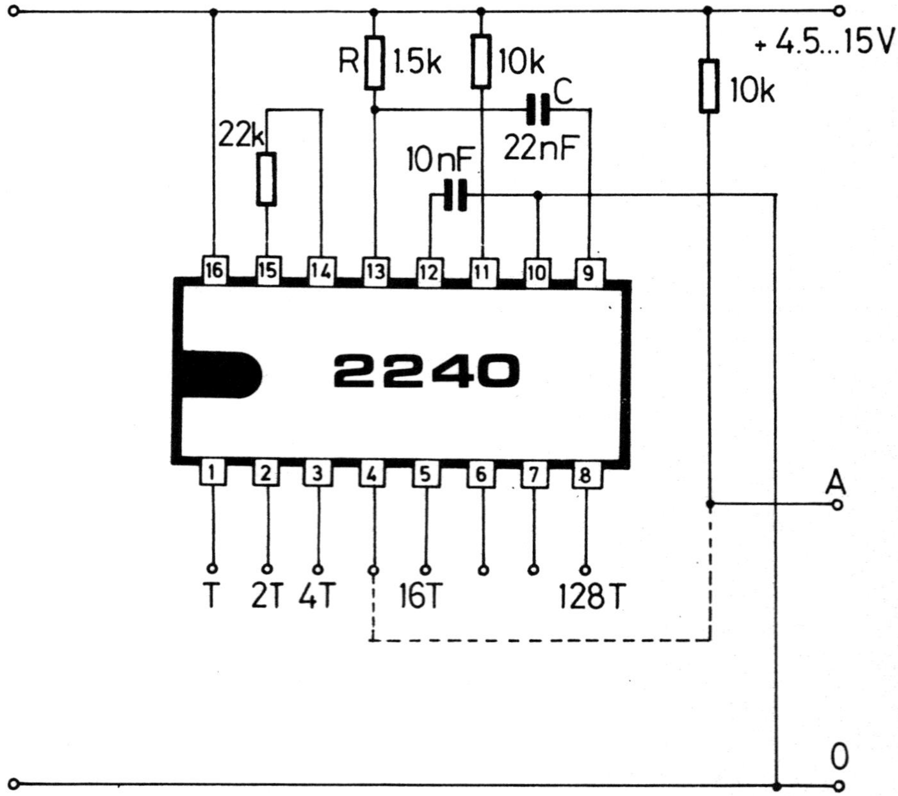

T = RC

Jenachdem, welche Ausgangsfrequenz gewünscht wird, kann eine Brücke zum Ausgang geführt werden.

Quarzzeitbasis mit 7490

Quarzzeitbasis mit 7490, 1 kHz, 10 kHz, 100 kHz

Als Generator dient ein einfacher, astabiler Multivibrator, dessen Frequenz mit einem Quarz auf 100 kHz festgelegt ist. Der Generator steuert einen zweistufigen Dezimalzähler/Teiler direkt an und liefert an den Ausgängen 10 kHz und 1 kHz.

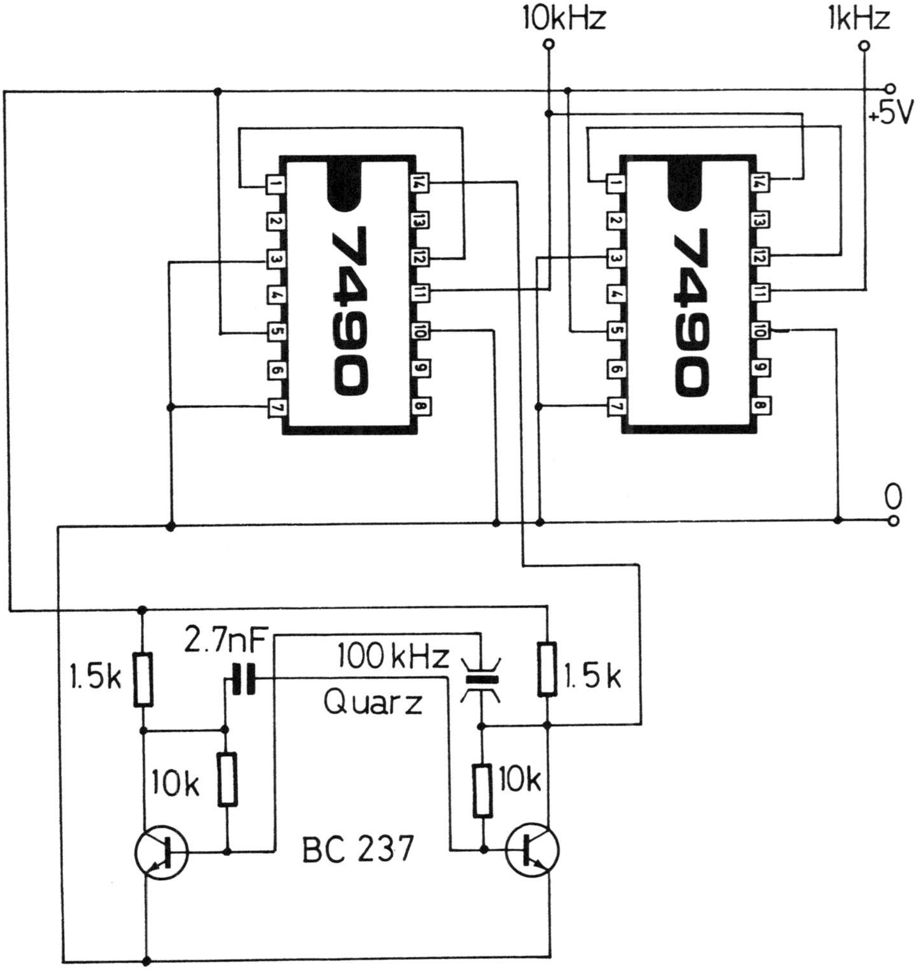

Mit einer weiteren Teilerplatine kann die Frequenz von 1 kHz nun noch einmal auf 100 Hz, 10 Hz und 1 Hz heruntergeteilt werden.

Wer ist der erste von drei Teilnehmern?

Bei Ratespielen (Quiz) mit mehreren Personen ist es oft nicht einfach, den Kandidaten mit der schnellsten Antwort genau zu identifizieren.
Die nachfolgend gezeigte elektronische Schaltung setzt diesem Problem ein Ende.
Mit einem BCD zu Dezimal Decoder Treiber mit offenen Kollektoren läßt sich eine praktische Schaltung aufbauen.

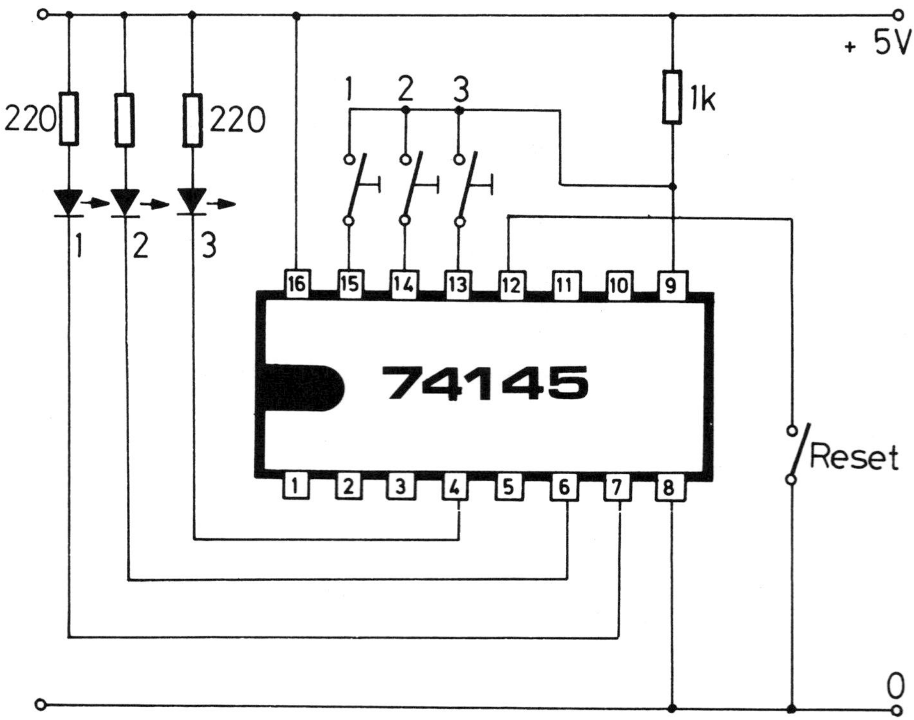

Jenachdem, welche Taste zuerst gedrückt ist, (S1, S2 oder S3) erscheint die zugehörige LED (1, 2, 3,). Alle nachfolgend gedrückten Tasten kommen nicht zur Anzeige. Mit Reset wird nach jedem Durchgang zurückgesetzt.

Russisches Roulette

Russisches Roulette

Nur keine Angst, bei meinem elektronischen Spiel geht es nicht um Leben und Tod, aber für Nervenkitzel wird trotzdem garantiert, denn wenn der Kandidat Pech hat, platzt über seinem Kopf ein mit mehr oder weniger Wasser gefüllter Luftballon. Mit der Bezeichnung "elektronisches Luftballon-Knall-Wasser-Giess-Roulette" kommt man dem Wesen des Spiels am nächsten, das sich vorzüglich für Partys und andere gesellschaftliche Anlässe eignet. Die 6 LED stellen die einzelnen Kammern der Trommel dar. Als Stromversorgung können zwei 4,5-Volt-Batterien verwendet werden, denn die Schaltung ist so aufgebaut, daß trotzdem der teilweise niederohmiten Verbraucher keine hohen Strombelastungen auftreten, was für die Stabilität der Speisespannung wichtig ist. Zum Beispiel wird die Energie für den Elektromagneten in den beiden 4700-uF-Elkos gespeichert.
Es ist eine Eigenart von Nandgattern, daß ein offener Eingang einer logischen 1 entspricht. Wie aus dem Schema ersichtlich ist, wird bei der Signaleintastung davon Gebraucht gemacht. Zuerst setzt sich also, wie schon erwähnt, der Kandidat unter den mit Wasser gefüllten Luftballon, dann wird die Taste "laden" gedrückt, wobei der LED Nr. 0 aufleuchtet. Dies geschieht, weil mit einer logisch 0 über einen Inverter der Zähler SN 7492 zurückgesetzt wird, gleichzeitig wird mit diesem Signal über das mit 2 Nandgattern aufgebaute Undgatter der Decoder SN 7442 entsperrt, d. h. der D-Eingang des Decoders erhält eine logisch 0. Mit dem Betätigen der Taste "laden" wird also für jedes Spiel die gleiche Ausgangslage hergestellt.
Als nächstes wird nun die Taste "Trommel" dreimal hintereinander betätigt, was dem mehrmaligen Anschieben derselben entsprechen soll. Beim Betätigen dieser Taste wird der Multivibrator eingeschaltet, die Frequenz beträgt ca. 50 Hz, er ist mit dem als Modul-6-Zähler geschalteten IC SN 7492 verbunden, eine zweite Verbindung des Multivibrators führt zu einer Verstärkerstufe, die den Einrastmechanismus der sich drehenden Trommel imitiert. Wird nun mit der Taste "Abzug" der Decoder entriegelt, dann wird die Lage der "Kugel" durch Aufleuchten einer LED angezeigt. Sollte sich diese unglücklicherweise im "Pistolenlauf" befinden, dann wird der Elektromagnet eingeschaltet, der Schlagbolzen schießt nach vorne, der Ballon zerplatzt mit lautem Knall, und das Opfer wird gleichzeitig mit einer kalten Dusche bedient.

Der Schlagbolzen ist ein 50 mm langer Nagel, seine Spitze sollte so scharf wie die einer Nadel sein. Dies erreicht man am besten, wenn man den Nagel auf einem nassen Schleifstein zuspitzt. Der Luftballon sollte so stark als möglich aufgeblasen werden, damit der Knall besonders schön laut wird! Der Nagel wird bis zu seiner Hälfte in das Führungsröhrchen des Elektromagneten geschoben (s. Zeichnung).
Das Anfertigen des Elektromagneten geht aus der Zeichnung hervor. Aluminium- oder Messingröhrchen erhält man in jedem Modellbaugeschäft. Die runden Scheiben für den Spulenkörper habe ich mit einem heissen Kerzenschlüssel aus einem Plastikteiler ausgestochen. Dann habe ich das Röhrchen erwärmt und damit die Scheiben aufgespießt. Das Röhrchen wird noch mit einer Lage Isolierband beklebt, um Windungsschlüssen vorzubeugen. Nun wickelt man 38 m Lackdraht mit einem Durchmesser von 0,37 mm auf den Spulenkörper, was einen Widerstand von ca. 6 Ω ergibt.

Russisches Roulette

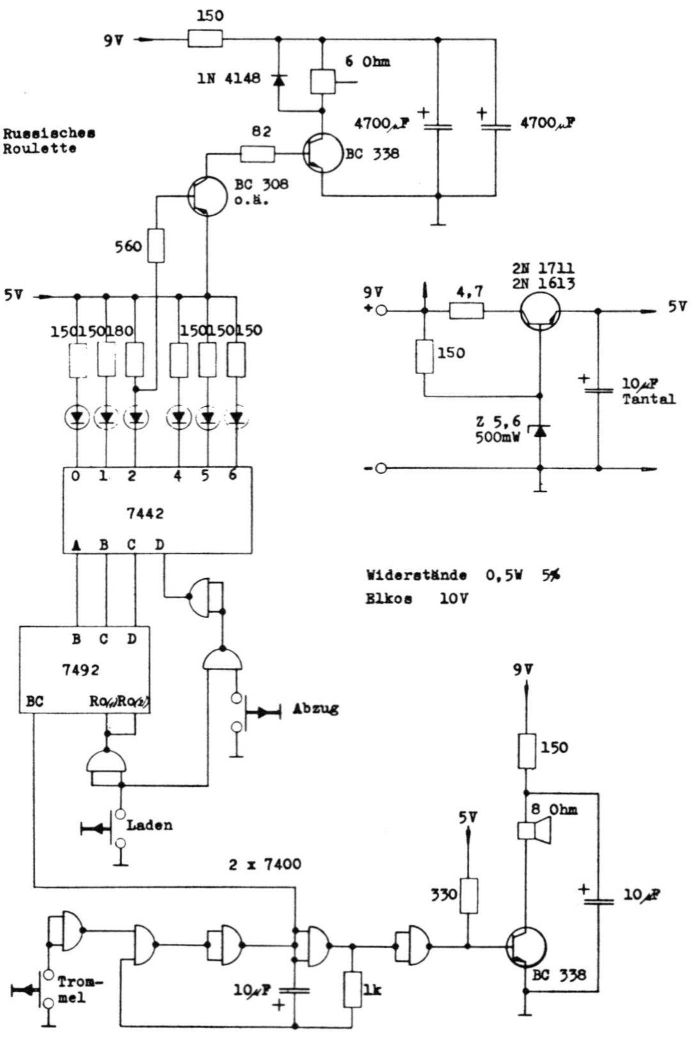

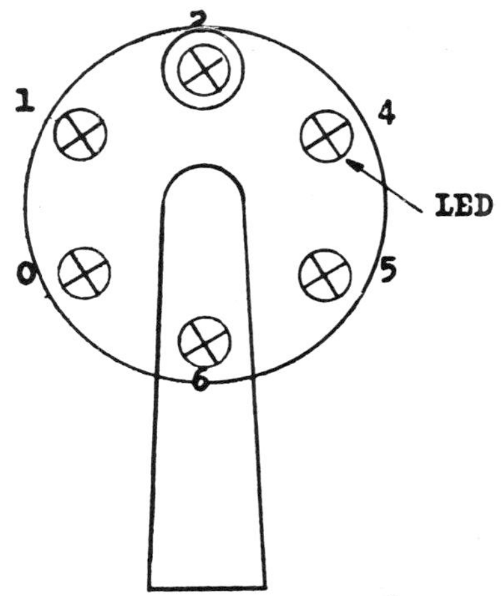

Russisches
Roulette

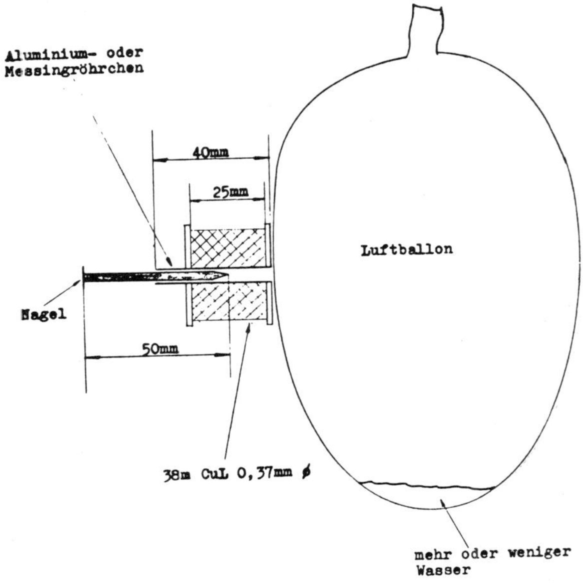

Tototronic (Elektronischer Totogenerator)

Tototronic

Jede Woche dasselbe: Sie füllen Ihren Totozettel aus. Nun gibt es echte Fußballballfans, die im voraus recht genau wissen, wer gewinnt. Meist ist es dann doch, ganz unerwartet, der andere Verein, der als Sieger den Platz verläßt.
Wer den Zufall aber nicht den Fussballern überlassen will, sondern der Elektronik, der greift einfach zu unserem "Tototronic".
Wenn Sie das Gerät einschaltet, leuchtet bereits die erste Leuchtdiode und Sie können den ersten Tip eintragen. Dann drücken Sie auf den Knopf. Beim Loslassen erscheint der nächste Tip und so weiter, bis der Totoschein ausgefüllt ist.

Der Aufbau besteht im wesentlichen aus 3 Teilen, nämlich der Spannungsstabilisierung, welche die Batteriespannung von 9 Volt auf die TTL-Spannung von 5 V herabsetzt, dem astabilen Multivibrator (AMV), wird mit 2 Nand-Toren und 2 RC-Gliedern gebildet. Er tritt erst in Betrieb, wenn die Taste gedrückt wird. Das Stoppsignal erhält der AMV vom Nand-Tor, an dessen Eingang der Taster liegt. Über den 2,2 kΩ-Widerstand erhält der Eingang dieses Tores bei nicht gedrückter Taste ein "1"-Signal. Das Nand invertiert dieses Signal, so daß am Ausgang ein "0"-Signal erscheint, das nun die Nand-Tore des AMV sperrt und zugleich Minus für die Leuchtdioden liefert. Wird die Taste gedrückt, erscheint am Ausgang des Tores ein "1"-Signal. Der AMV kann nun arbeiten. Gleichzeitig erhalten aber die Leuchtdioden kein Minus mehr und werden deshalb dunkel. Das dauernd wechselnde Signal des AMV-Ausganges gelangt nun an die Takteingänge der als Ringzähler geschalteten 3 D-Flip-Flops. Nur eine der 3 Leuchtdioden erhält jeweils das "1"-Signal. Dieses Signal wechselt nun im Takt des AMV. Sobald die Taste losgelassen wird, bleibt der Ringzähler in seinem zuletzt erhaltenen Zustand stehen. Die entsprechende Leuchtdiode beginnt jetzt, da sie den Minus vom Nand-Tor wieder erhält.

Tototronic

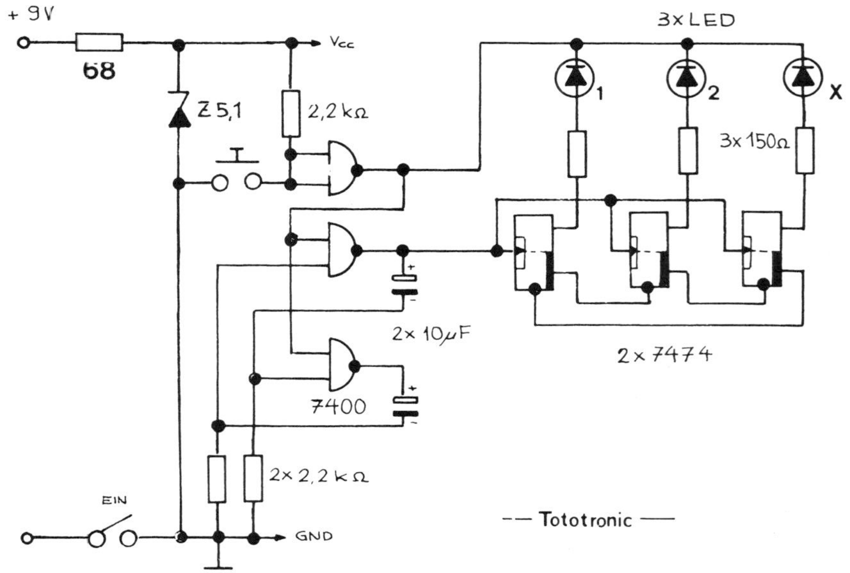

Stückliste

1 Print «Tototronic» gebohrt
2 IC 7474
1 IC 7400
3 LED 5 mm rot
1 Schiebeschalter 2 × U
1 Drücker
1 Zenerdiode 5,1 V
2 Elko 10 μF/6,3 V
3 Widerstände 2,2 kΩ/¼ W
3 Widerstände 150 Ω/¼ W
1 Widerstand 68 Ω/1 W
1 Batterieanschluss
1 Batterie 9 V
1 Gehäuse

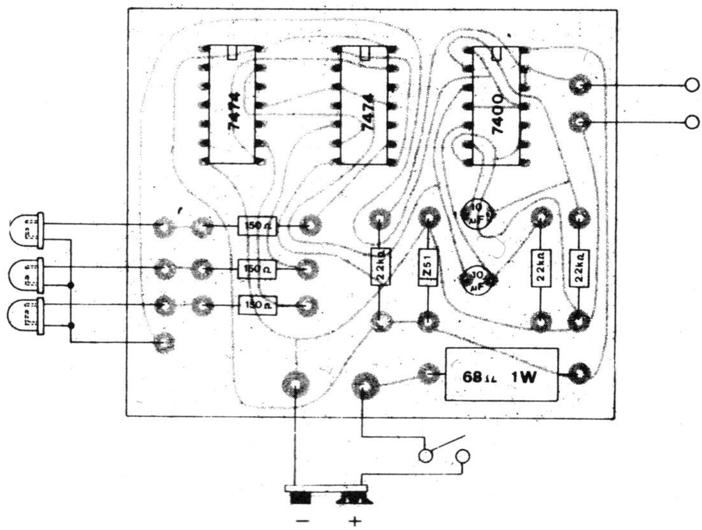
7474
7474
7400
150 Ω
150 Ω
150 Ω
22 kΩ
22 kΩ
22 kΩ
Z51
10 µF
10 µF
68 Ω 1W
−
+

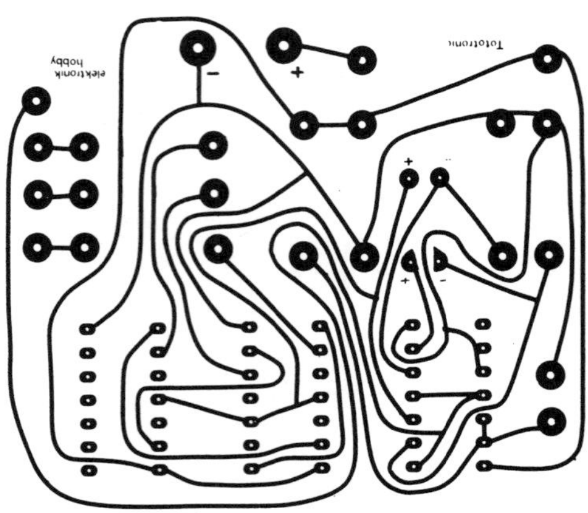

Elektronisches Roulette mit Auslaufeffekt

Elektronisches Roulette

Ein sehr wirklichkeitsgetreues und praktisches Roulette kann mit nur drei Decodern/Demultiplexern, einem Taktgenerator, einer Zählstufe und einem 6-fach Inverter 7404 aufgebaut werden. Die Anzeige erfolgt über Leuchtdioden.

Die Schaltung erzeugt eine nach der Wahrscheinlichkeit 1 aus 36 beliebige Zahl und kann zur privaten Untersuchung des Roulettespiels verwendet werden.
Die Leuchtdioden können entsprechend rot und schwarz auf dem Roulette-Teller in zwei verschiedenen Farben gewählt werden. Am besten ist jedoch, wenn man die Elektrik in ein Roulettespiel, welches man im Spielwarenhandel kaufen kann, einbaut.
Die Schaltung kann leicht auf einer Lochrasterplatte aufgebaut werden.

Funktionsbeschreibung

Der Taktgeber, bestehend aus einer Oszillatorschaltung mit Unijunction-Transistor, schwingt mit ca. 400 Hz, wenn die Taste T1 gedrückt wird. Die Frequenz sinkt nun in dem Maße, wie der Kondensator nach Loslassen der Taste wieder aufgeladen wird. Auf diese Weise wird ein "Ausrollen der Kugel" durch die Leuchtdiode simuliert.

Der Takt wird nun an B1 des UJT abgenommen und an den Zählereingang geführt. Die Zählerstufe besteht aus zwei BCD-Zählern 7493. Die Zählerausgänge steuern die drei Decoder-Demultiplexer 74154 an. Über den B und A-Ausgang des zweiten Zählers wird der entsprechende Decoder-Baustein ausgewählt.

Taktgeber für das Roulette:

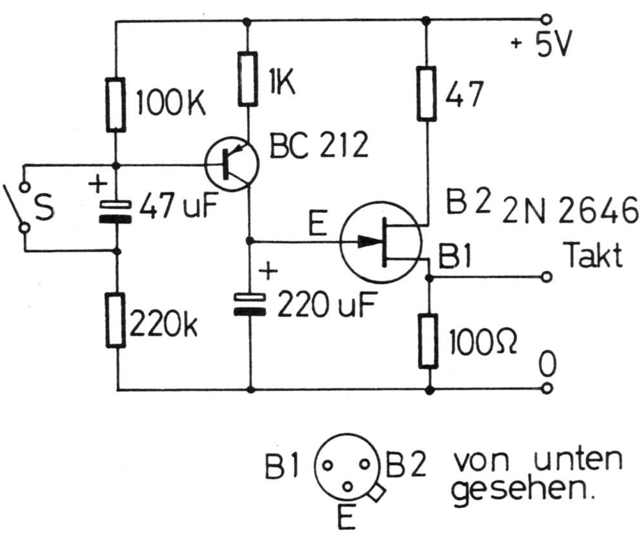

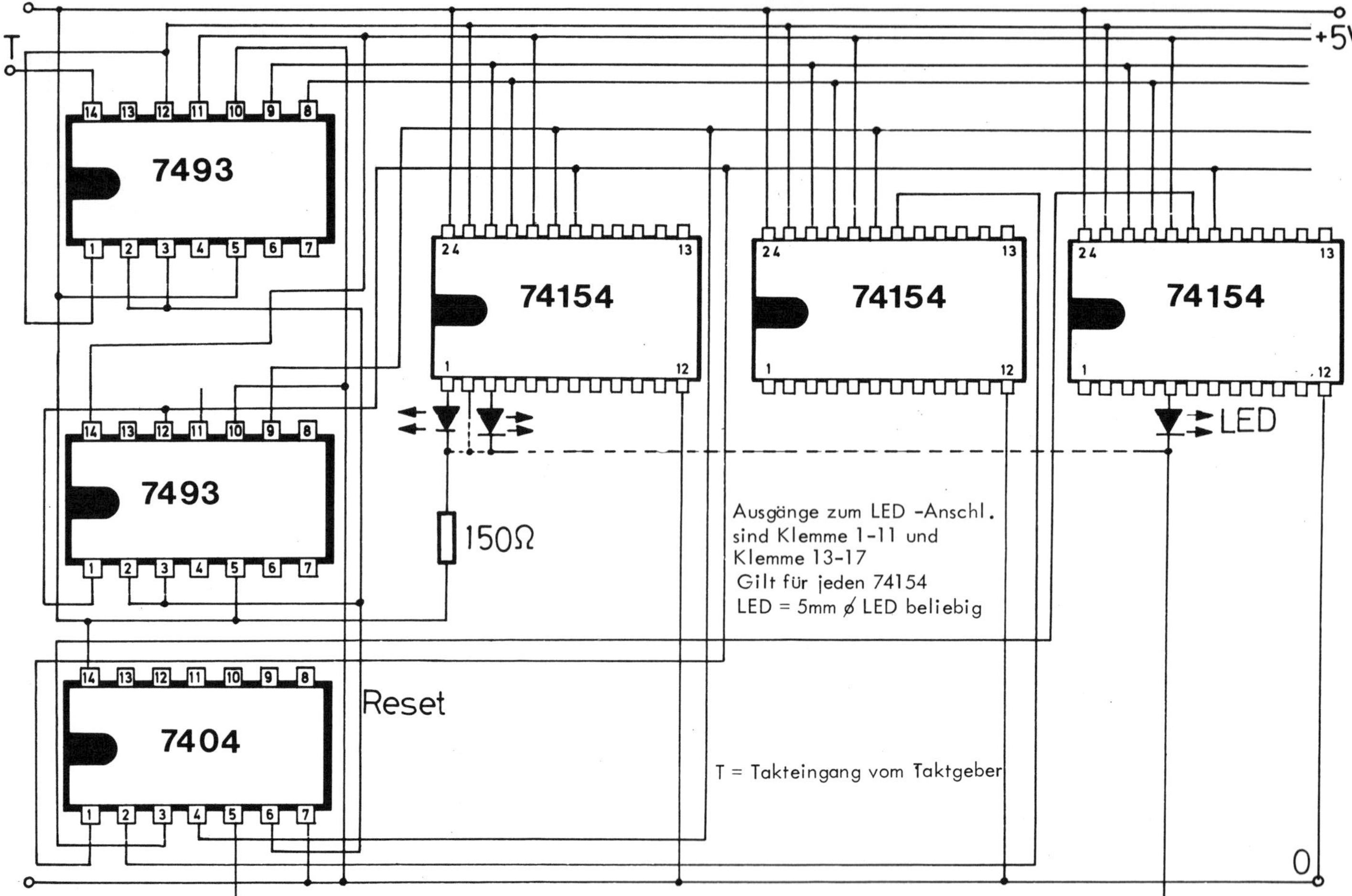
T
+5V
7493
7493
7404
74154
74154
74154
Reset
150Ω
LED
0
Ausgänge zum LED -Anschl.
sind Klemme 1-11 und
Klemme 13-17
Gilt für jeden 74154
LED = 5mm ø LED beliebig
T = Takteingang vom Taktgeber

Elektronischer Würfel

Elektronischer Würfel

Ein einfacher, elektronischer Würfel.

Mit nur drei integrierten Bausteinen, einigen Widerständen und drei Dioden kann man bereits einen recht brauchbaren, elektronischen Würfel aufbauen. Als Taktgenerator wird ein 7400 NAND-Gatter-Baustein verwendet. Der Oszillator zählt den 7490 bis sechs. Dann erfolgt eine Rücksetzung auf Null. Mit dem Schalter S1 wird der Zähler angehalten. Da die Zählfrequenz verhältnismäßig hoch liegt, ist die so erhaltene Zahl durch einen echten Zufall generiert worden.

Taktgenerator

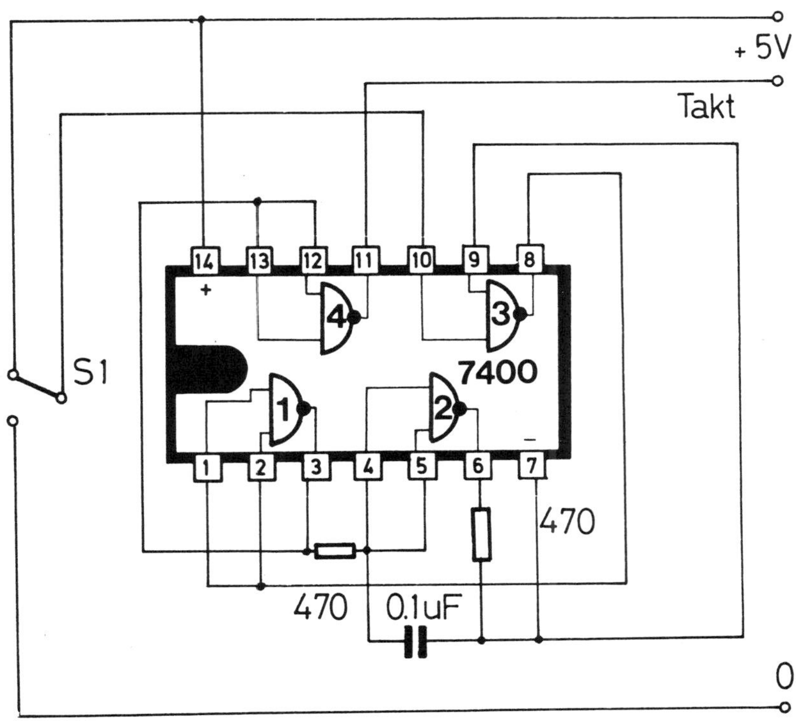

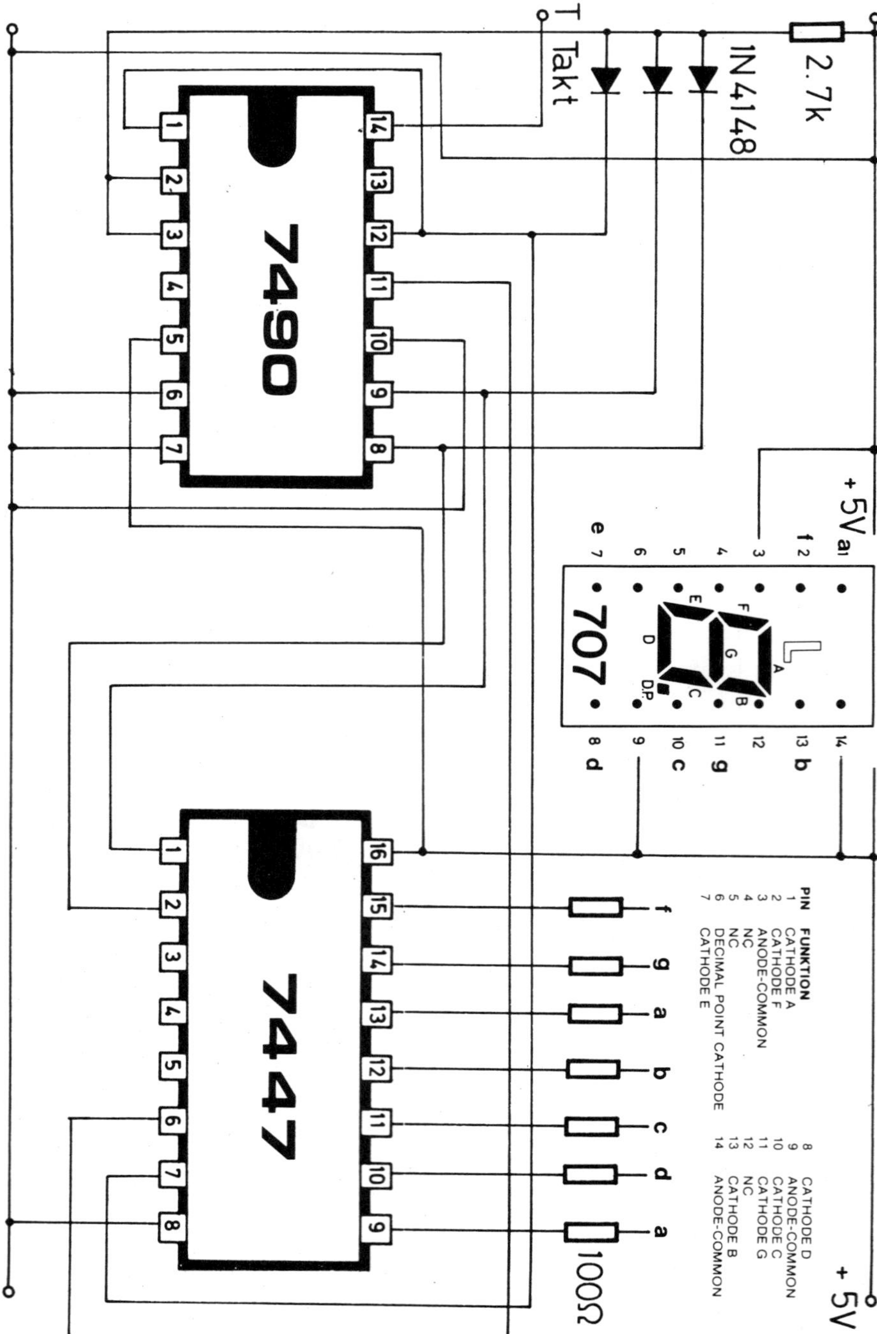

2.7k
1N4148
T
Takt
+5V
7490
7447
Draufsicht
707
A
B
C
D
E
F
G
D.P.
a1
f 2
3
4
5
6
e 7
8 d
9
10 c
11 g
12
13 b
14
f
g
a
b
c
d
a
100Ω
+5V
PIN FUNKTION
1 CATHODE A
2 CATHODE F
3 ANODE-COMMON
4 NC
5 NC
6 DECIMAL POINT CATHODE
7 CATHODE E
8 CATHODE D
9 ANODE-COMMON
10 CATHODE C
11 CATHODE G
12 NC
13 CATHODE B
14 ANODE-COMMON

Druckender Rechner mit EA 7251

Druckender elektronischer Rechner mit dem integrierten Schaltkreis EA 7251.

Der EA 7251 ist ein Rechnerschaltkreis zur Ansteuerung des Seikodruckers, Typ 310. Er enthält eine interne Abtastlogik für 30 Tasten und 12 Schalter. Die Entprellung der Schalter erfolgt intern. Der Schaltkreis enthält 4 Register sowie einen Zähler. Das gesamte Interface zur Ansteuerung des Druckers ist auch auf dem Chip enthalten.
Der Schaltkreis arbeitet an einer Betriebsspannung, an deren Welligkeit keine besonderen Anforderungen gestellt werden.
Als Treiberschaltungen werden die Schaltkreise ULN 2001 A verwendet.

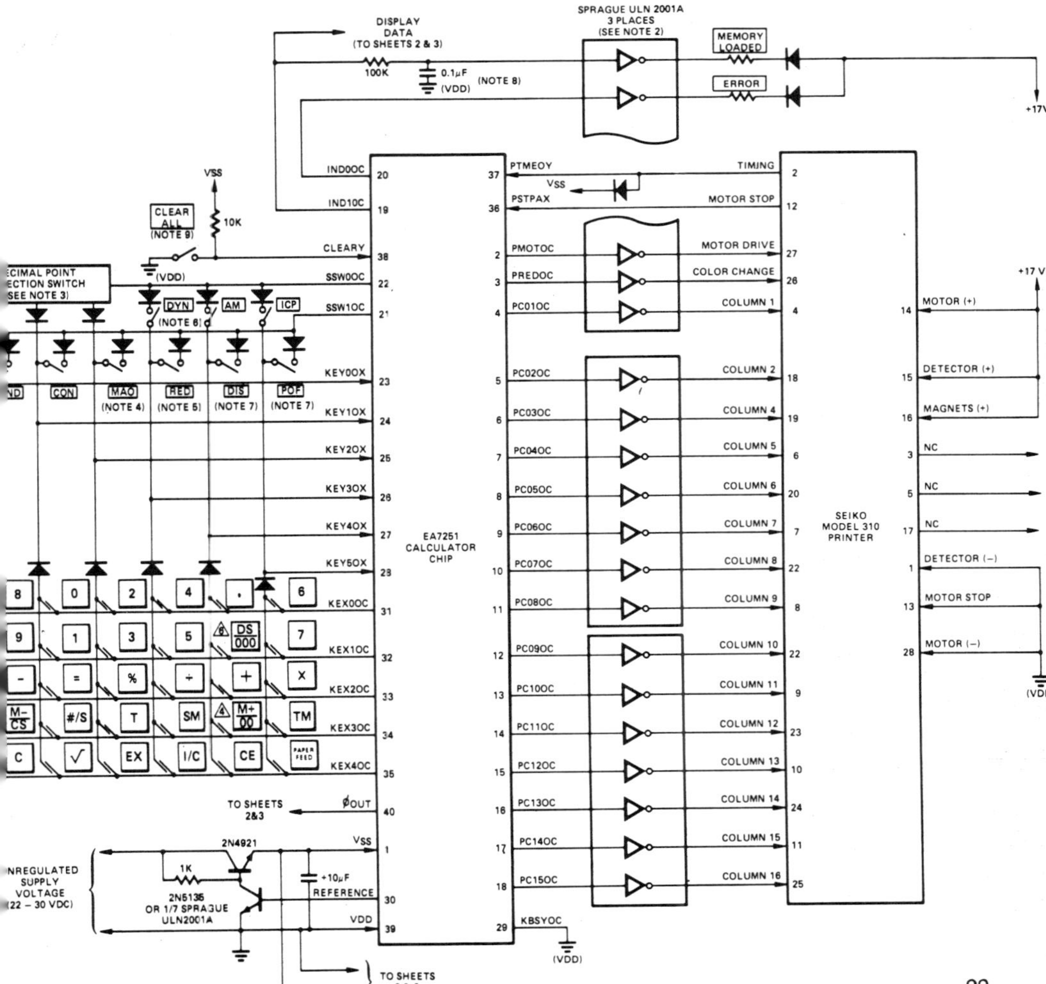

Einfache Rechnerschaltungen

Ein Chip Rechnerschaltkreis mit 4 Stellen.

Der EA 7051/7055 ist ein Ein-Chip MOS LSI Taschenrechnerschaltkreis, der die gesamte notwendige Logik für einen 8-stelligen Taschenrechner beinhaltet. Fünf verschiedene Funktionen sowie Fließkomma sind enthalten. Auch der Taktgeber sowie ein automatisches Rücksetzen beim Einschalten der Betriebsspannung sind auf dem Schaltkreis enthalten.
Der EA 7051 arbeitet mit arithmetischer Eingabe, der 7055 mit einer algebraischen Eingabe.

Technische Daten:
Addition, Subtraktion, Multiplikation und Division, Prozenttaste, Wiederholung der Addition und Subtraktion, automatische Konstante für alle vier Grundrechnungsarten, nur eine Betriebsspannung (-12 V).

Anschlußbild:

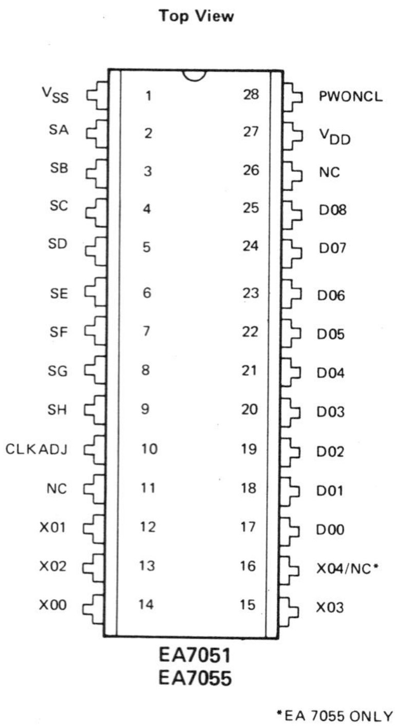

Schaltbeispiele mit 7051 und 7055.

INTERFACE SCHEMATICS

EA7051/EA7055

EA 7051 INTERFACE

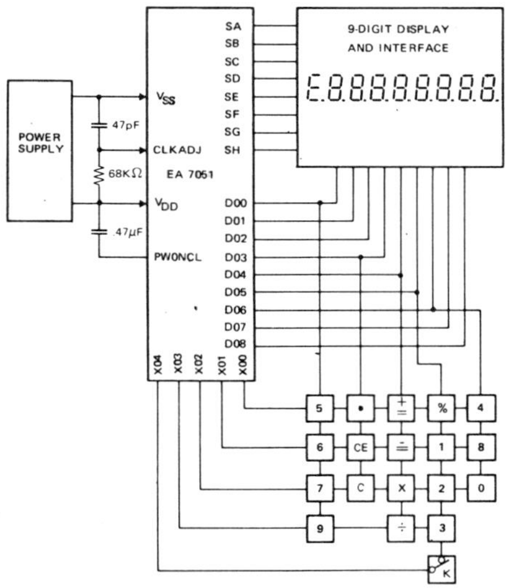

Figure 1.

EA 7055 INTERFACE

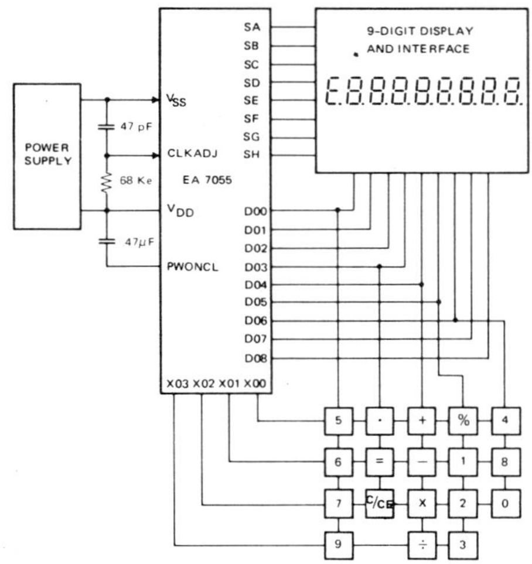

Figure 2.

LED DISPLAY INTERFACE

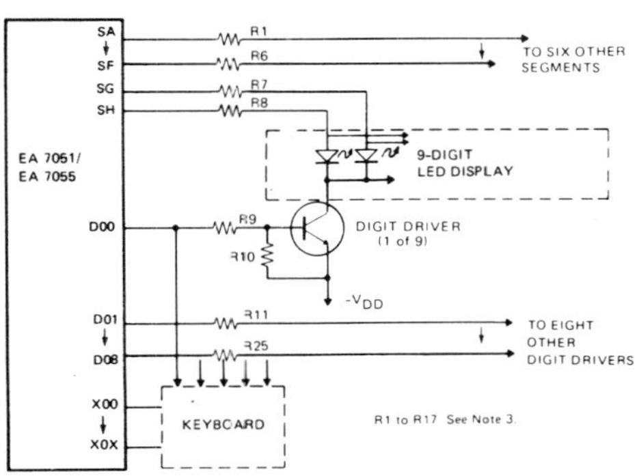

Figure 3.

FLUORESCENT DISPLAY INTERFACE

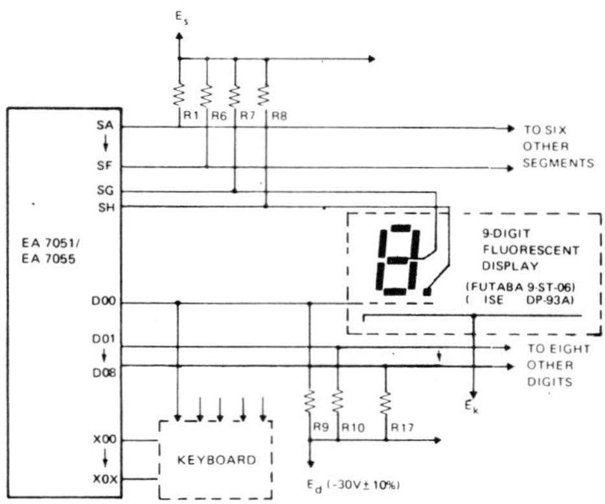

Figure 4.

SUPPLY	9-ST-06	DP-93A
Ep, Ek	-25±10%	-22V±10%

R1 to R17: 56KΩ ± 5%

Tastaturbeschriftung und Anordnung

EA 7051

7	8	9	÷	K
4	5	6	X	%
1	2	3	$\stackrel{-}{=}$	CE
0		·	$\stackrel{+}{=}$	C

EA 7055

7	8	9	÷	
4	5	6	X	%
1	2	3	–	=
0		·	+	C/CE

Einige Rechenbeispiele:

FUNCTIONALITY	EA7051 (Arithmetic)		EA7055 (Algebraic)	
	KEY SEQUENCE	DISPLAY	KEY SEQUENCE	DISPLAY
	K OFF		N.A.	
3 ÷ 2 = 1.5	3	3.	3	3.
	÷	3.	÷	3.
	2	2.	2	2.
	$\stackrel{+}{=}$	1.5	+	1.5
	$\stackrel{+}{=}$	3.	+	3.5
	$\stackrel{+}{=}$	4.5	+	5.5
E. Percentage Add-On	KEY SEQUENCE	DISPLAY	KEY SEQUENCE	DISPLAY
1000 + (1000 x 5%) = 1050	1000	1000.	1000	1000.
	X	1000.	+	1000.
	5	5.	5	5.
	%	50.	%	50.
	$\stackrel{+}{=}$	1050.	=	1050.

TV-Tennis, Hockey, Squash, Handball u. v. a. mit AY-3-8500

Fernsehspiele mit AY-3-8500

Der AY-3-8500 wurde speziell zum Anschluß an jedes Heimfernsehgerät entwickelt. Die Schaltung kann an eine 9 V-Batterie angeschlossen werden. Durch entsprechende Schalter können 6 verschiedene Spiele ausgewählt werden.

1.) Tennis
2.) Hockey
3.) Soccer / Fußball
4.) Squash
5.) Pelota
6.) 2 verschiedene Schießspiele mit einem elektronischen Gewehr

Die Torverhältnisse werden automatisch über eine digitale Anzeige auf den Bildschirm eingeblendet. Die Abschlagwinkel der Bälle sind wählbar, so auch die Geschwindigkeit des Balles. Es besteht die Möglichkeit, den Ball automatisch einwerfen zu lassen oder einen manuellen Balleinwurf zu simulieren. Beim Auftreffen der Bälle auf die Schläger etc. wird ein entsprechender Ton erzeugt.

SYSTEM BLOCK DIAGRAM

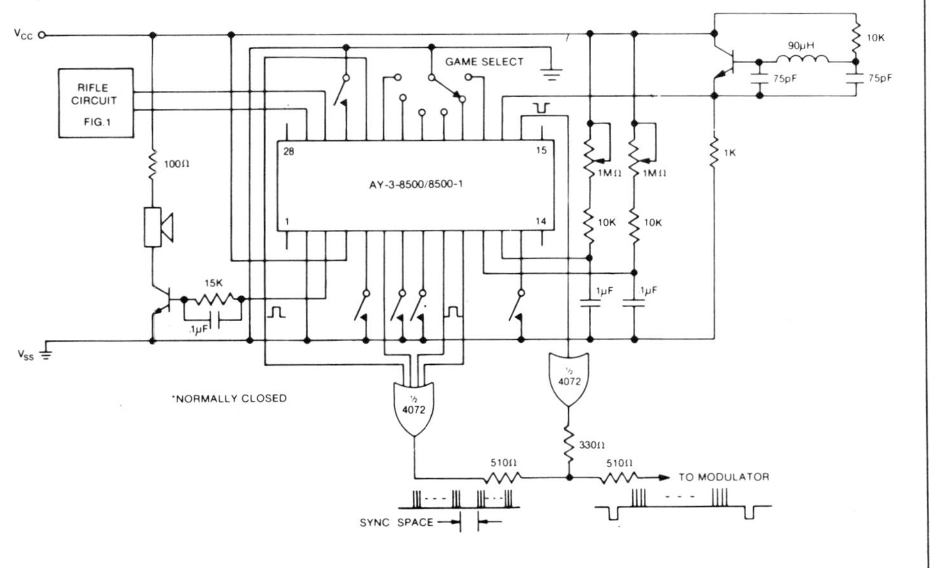

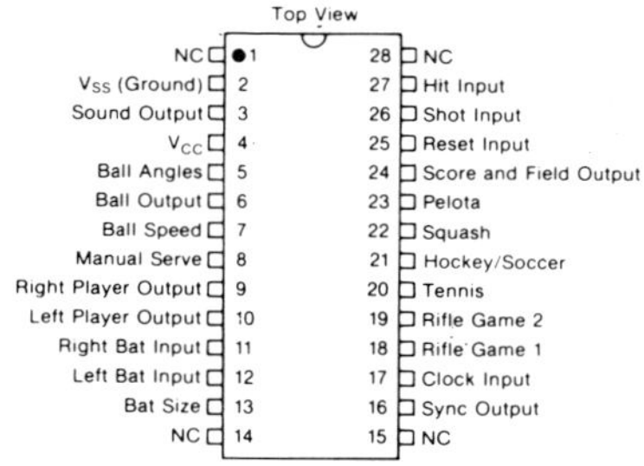

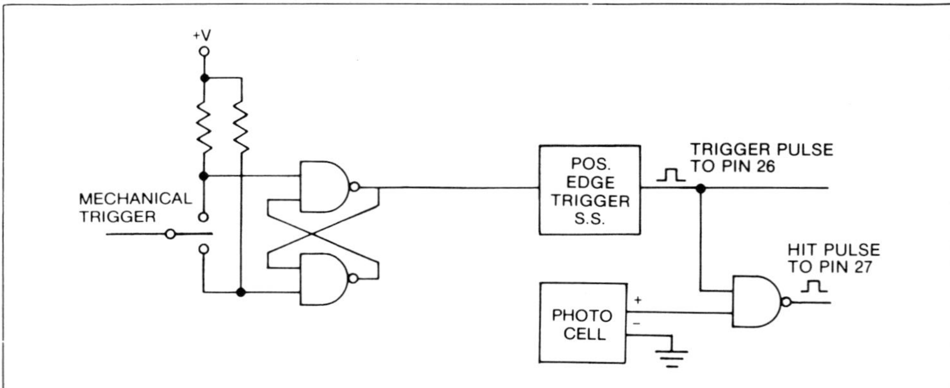

Fig.1 RIFLE SHOOTING CIRCUITRY

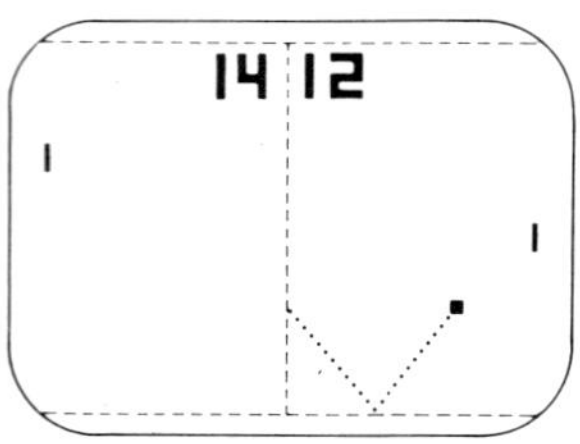

Fig.2 TENNIS GAME

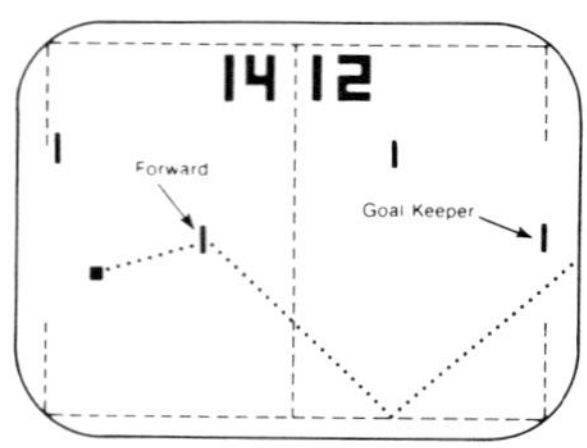

Fig.3 HOCKEY GAME

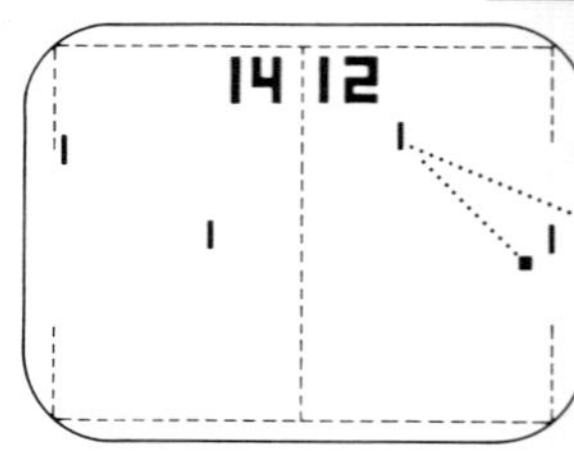

Fig.3a RETURN OF 'GOAL SAVE'

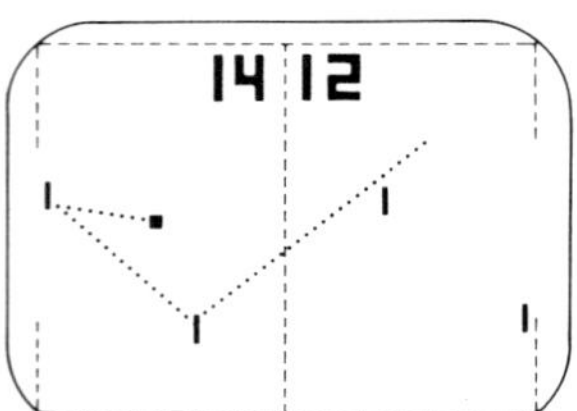

Fig.3b 'SHOOTING' FORWARD

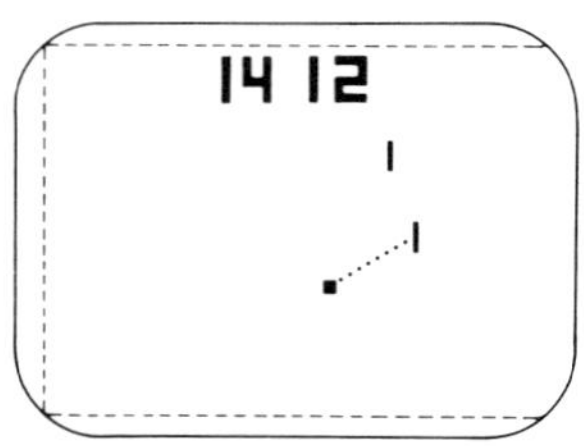

Fig.4 SQUASH

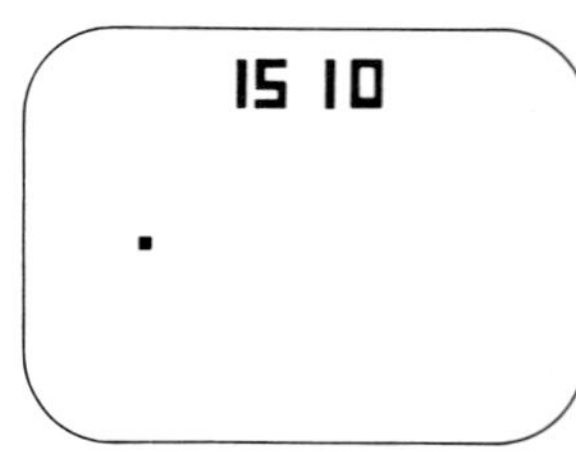

Fig.5 RIFLE SHOOT

Stückliste - TV-Spiel

R1	47K Trimpot	C1	0,33 uF (CK06)
R2	100K Lin	C2	0,33 uF (CK06)
R3	47K Trimpot	C3	1 uF (CK06)
R4	100K Lin	C4	100 pF
R5	82K	C5	470 pF
R6	1K	C6	470 pF
R7	22	C7	100 pF
R8	1K	C8	22 uF
R9	10K	C9	470 pF
R10	1K	C10	2,2 pF
R11	2K2	C11	2,2 pF
R13	5K6	C12	18 pF
R14	5K6	C13	22 pF
R15	1K Trimpot	C14	3,3 pF
R16	1K5	C15	5,6 pF
R17	5K6	C16	47 uF
R18	5K6	C17	0,01 uF
R19	5K6	C18	47 uF
R20	5K6	T1	BC 237 B
R21	5K6	T2	2N3904 = BC 237 B
R22	2K2	T3	BC 237 B
R23	1K	T4	BC 237 B
R24	10K	T5	AF106 od. AF239,AF139
R25	820	T6	AF237 od. AF239,AF139
R26	1K	L.S.	40 Ω
R27	270		
R28	4K7		
R29	1K5		
R30	22		
R31	390 (220)		
R32	91 ( )		
R33	91 (82)		
R34	91		

alle Widerstände in Ohm 1/4 W
alle Kondensatoren in pF

L2 = 3 Wdgn. 6,35 mm InnenØ

L3 = 2 Wdgn. 4,8 mm InnenØ

L1 = Grundig-ZF-Filter,rt-sw

Ersatzteil von kleinen Rundfunkgeräten, ZF-Filter, rt-sw

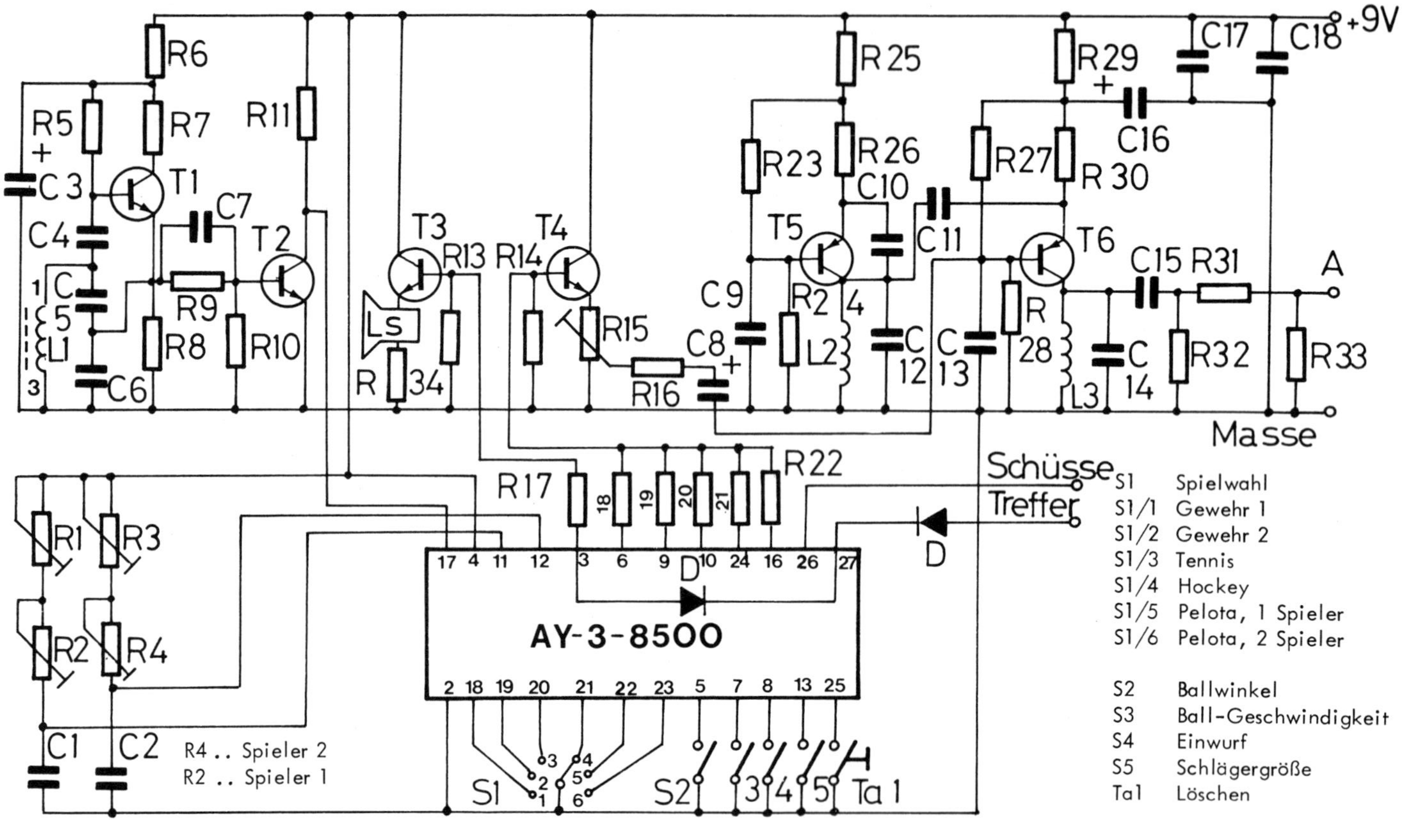

D = Schnelle Schaltdiode

Integrierter Schaltkreis für getaktete Netzgeräte

Der integrierte Schaltkreis SG 2524/SG 3524 von Silicon General enthält alle Kontrollelemente für einen geregelten Schaltregler auf einem Chip. Selbst die Referenzspannungsquelle, der Differenzverstärker, Oszillator, Pulsbreitenmodulator, Strombegrenzung sowie das Impuls-Steuer-Flip-Flop sind im 16poligen DIP-Gehäuse enthalten.

Der Steuerschaltkreis kann für Schaltregler jeder Polarität verwendet werden. Auch einfache transformatorgekoppelte Gleichspannungswandler, transformatorlose Spannungsverdoppler und Polaritätsumkehrschaltungen können auf einfache Weise damit aufgebaut werden.

Die Typen SG 2524 und SG 3524 sind für kommerzielle Anwendungsfälle im Temperaturbereich von 0° C bis 70° C ausgelegt.

Besondere Vorteile:

Lastregulierung 0,2 %
max. Temperaturdrift 1 %
Gesamtstromaufnahme 10 mA
Frequenzbereich über 100 kHz

Die max. Eingangsspannung beträgt 40 V, der max. Ausgangsstrom 100 mA.

Anschlußbild von oben gesehen

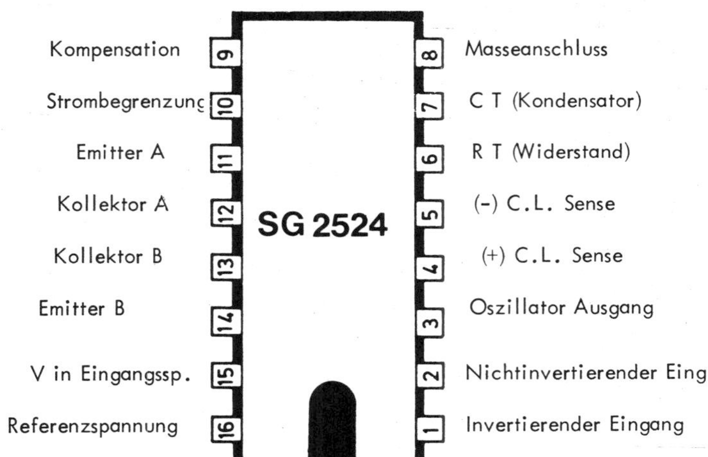

Anwendungsbeispiele:

Polaritätsumwandler und Spannungswandler von + 15 V auf - 5 V

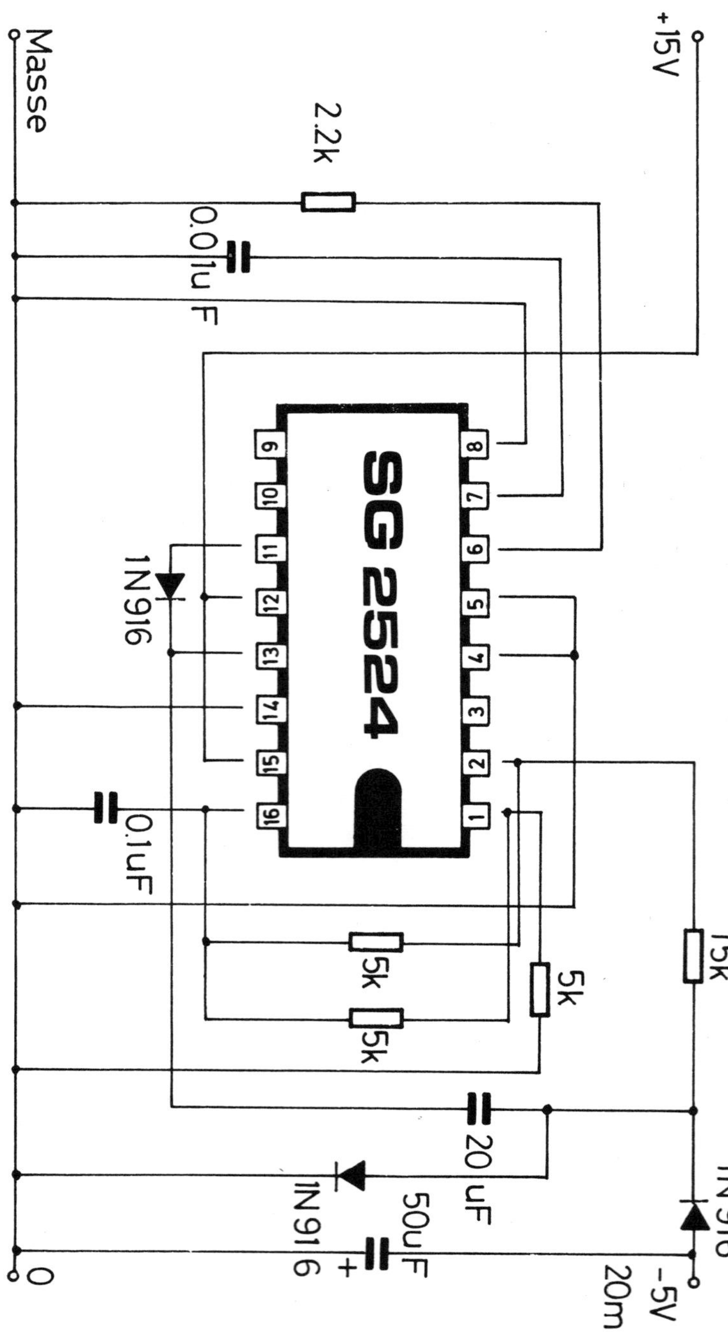

+15V
Masse
2.2k
0.01u F
SG 2524
1N916
0.1uF
15k
5k
5k
5k
20 uF
50uF
+
1N916
1N916
-5V
20mA
0

Einfacher Schaltregler für + 5 V/ 1 A

Will man Schaltregler mit höherer Ausgangsleistung aufbauen, kann man einen externen PNP-Darlington-Transistor anschalten. Der SG 1524 hat 2 parallele Ausgänge, die als geerdeter Emitter-Verstärker geschaltet sind. Der Meßwiderstand zur Strommessung ist in die Masseleitung geschaltet. Die daran abfallende Spannung wird für die Strombegrenzung verwendet. Beachten Sie, daß zusätzlich zu den Spannungsteilerwiderständen und den zeitbestimmenden Elementen RT und CT eine Phasenkompensation zur Stabilisierung des Schaltkreises erfolgen muß.

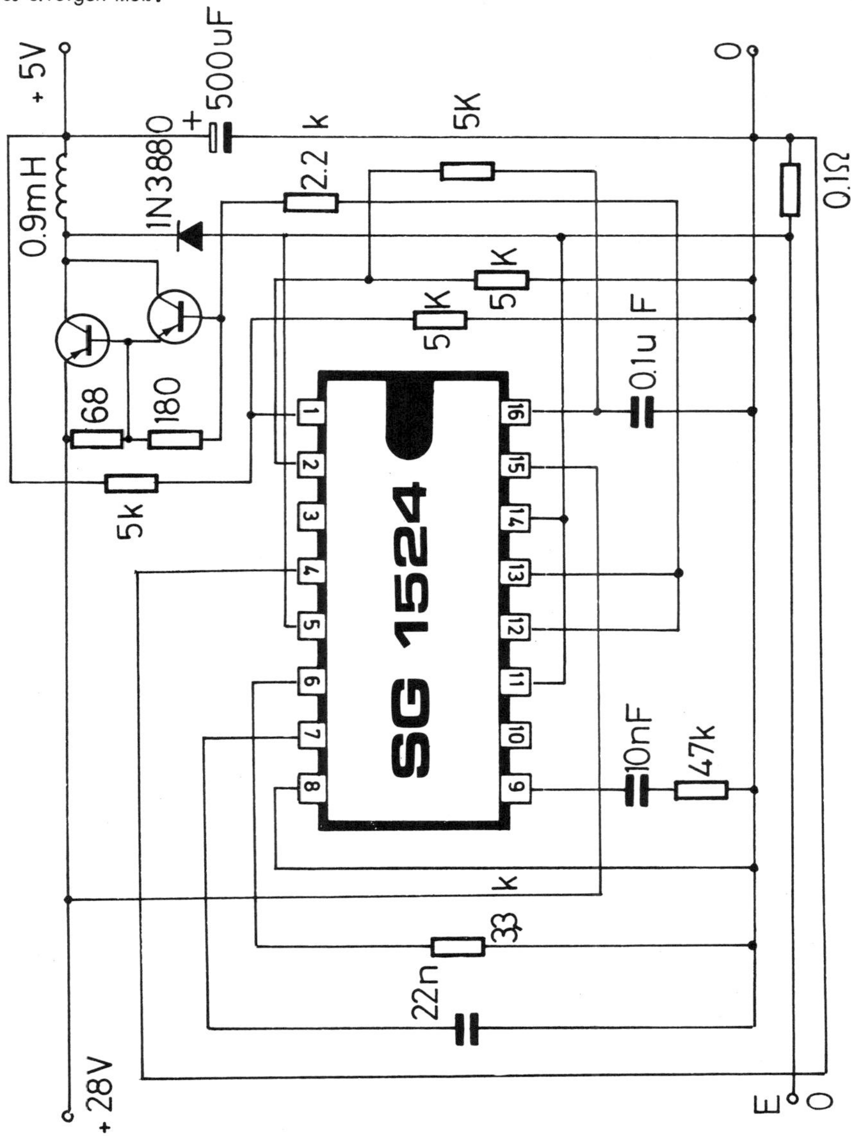

Frequenzzähler

Frequenzzähler

Sehr interessanter, 4-stelliger Zählerbaustein im 28pin-Gehäuse.
Der ZN1040E von Ferranti wurde speziell für die vielen Zähleranwendungen im Industrie- und Hobbybereich entwickelt. Die Schaltung ist in einem 28pin DIP-Gehäuse untergebracht und enthält alle notwendigen logischen Funktionen, um einen 4-stelligen Zähler aufzubauen. Der ZN1040E benötigt nur eine Betriebsspannung von + 5 V. Die Stromaufnahme beträgt 90 mA. Die Zählfrequenz kann bis über 5 MHz gesteigert werden. Der Schaltkreis ist TTL-kompatibel und hat separate BCD-Ausgänge. Es lassen sich auch mehrere Schaltkreise hintereinander schalten. (Kaskadierung) Pro Segment kann ein Strom von 50 mA geliefert werden.

ZN1040E

Universal
Count/Display
Circuit

28 Lead D.I.L.

SYSTEM DIAGRAM

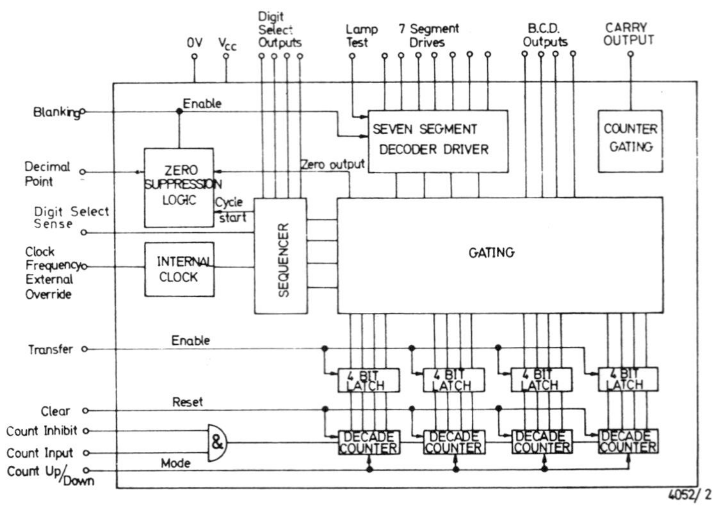

Bedeutung der einzelnen Anschlüsse

ZN1040E

PINNING DETAILS

Pin No.	Logic Level to Operate	Function	Pin No.	Logic Level to Operate	Function
1	0 to Blank	Blanking/intensity control	15		LSB – Digit select output
2	0	Lamp test	16		NMSB – Digit select output
3	0	Decimal point input	17		
4	0	g segment output	18		
5	0	f segment output	19	1 when 9999 and up, or when 0000 and down and when count at 0	Carry/borrow
6	0	e segment output	20	'0' to reset	Clear
7	0	d segment output	21	1 'up' 0 'down'	Up/down mode control
8	N/A	Earth	22	0 to 1 transition	Count input
9	0	c segment output	23	'0' to inhibit	Count inhibit
10	0	b segment output	24	'0' to hold	Transfer
11	0	a segment output	25	T.T.L. levels	B.C.D. output D
12	T.T.L. drive pulses	Multiplex oscillator frequency override	26	T.T.L. levels	B.C.D. output C
13	1(+ve pulses) 0(–ve pulses)	Digit select sense	27	T.T.L. levels	B.C.D. output B
14	N/A	+5 volts supply	28	T.T.L. levels	B.C.D. output A

TECHNICAL DATA

(*a*) *Maximum Ratings:*

Supply voltage	5·5 volts
Segment output currents	100 mA
Other output currents	25 mA
Operating temperature range	–20°C to 70°C
Storage temperature range	–55°C to +125°C

Schaltbeispiele

1.) Schaltkreis zur Ansteuerung von Siebensegmentanzeigen mit gemeinsamer Anode

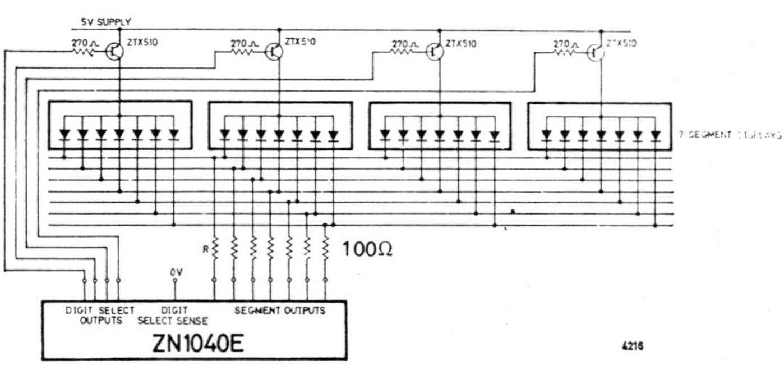

Figure 1a. ZN1040E driving common anode L.E.D. displays.

Zählschaltung mit Fotoabtastung

Oft ist es notwendig, in der automatischen Fertigung die Produktionseinheiten automatisch zu zählen. Die nachfolgende Schaltung ist so ausgelegt, daß nach 2000 Zählimpulsen ein Signal gegeben wird. Die Schaltung läßt sich jedoch so abändern, daß nach jeder beliebigen Zahl ein Trigger-Impuls geliefert werden kann.

ZN1040E

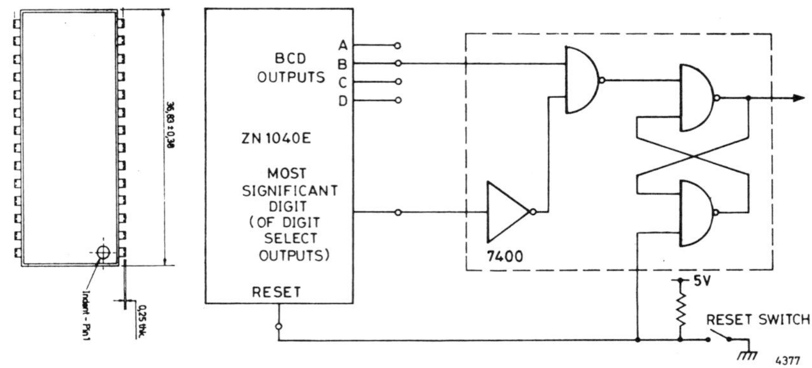

Connections providing a signal out when batch size reaches 2,000.

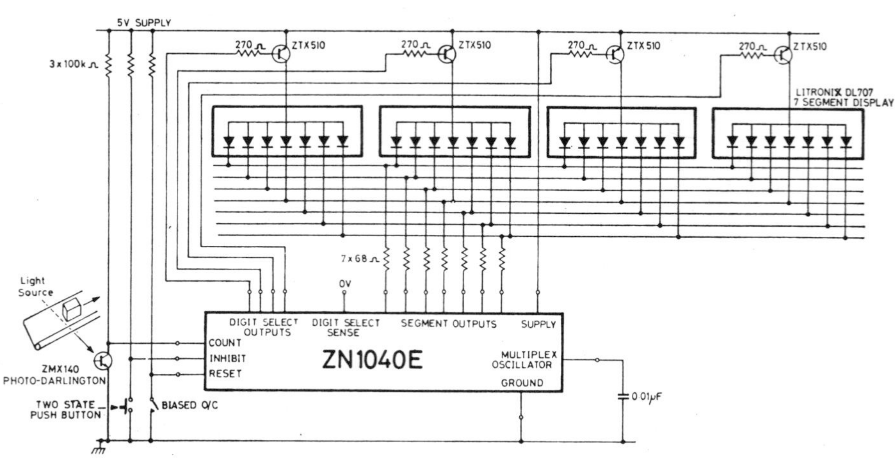

Batch counter system.

Digitalvoltmeter

Digitalvoltmeter mit MC1505, 14435 und 14511

Motorola hat jetzt einen Satz von 3 integrierten Schaltkreisen entwickelt, mit dem man auf sehr einfache Weise ein recht brauchbares Digitalvoltmeter aufbauen kann. Man benötigt nur eine Betriebsspannung (+ 5 V bis + 15 V) auch ist es sehr leicht, das Digitalvoltmeter zu kalibrieren. Die Genauigkeit wird mit 0,05 % angegeben.

Ein kleiner Nachteil besteht darin, daß keinen negativen Spannungen gemessen werden können. Daher müssen die Anschlüsse ausgetauscht werden. Der Eingangswiderstand beträgt nur 4 KΩ. Dieser Nachteil kann leicht durch das Vorschalten eines Operationsverstärkers behoben werden.

Anschlußbilder und Funktionsschaltbild

MC1505L
MC1405L

ANALOG-TO-DIGITAL CONVERTER SUBSYSTEM

SILICON MONOLITHIC INTEGRATED CIRCUIT

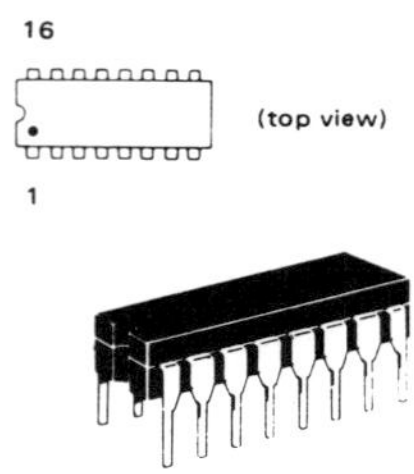

CASE 620
CERAMIC PACKAGE

FIGURE 1 – COMPLETE A/D CONVERTER SYSTEM

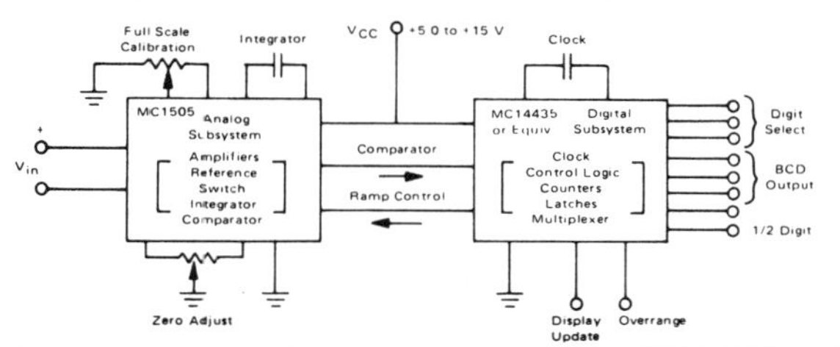

FIGURE 2 – PIN CONNECTIONS AND FUNCTIONAL DIAGRAM (as used in Figure 1)

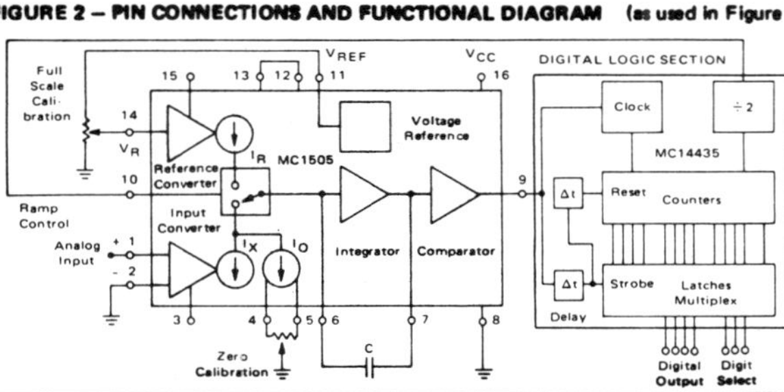

FIGURE 9a – ACCURACY TEST
3-1/2 Digit Panel Meter

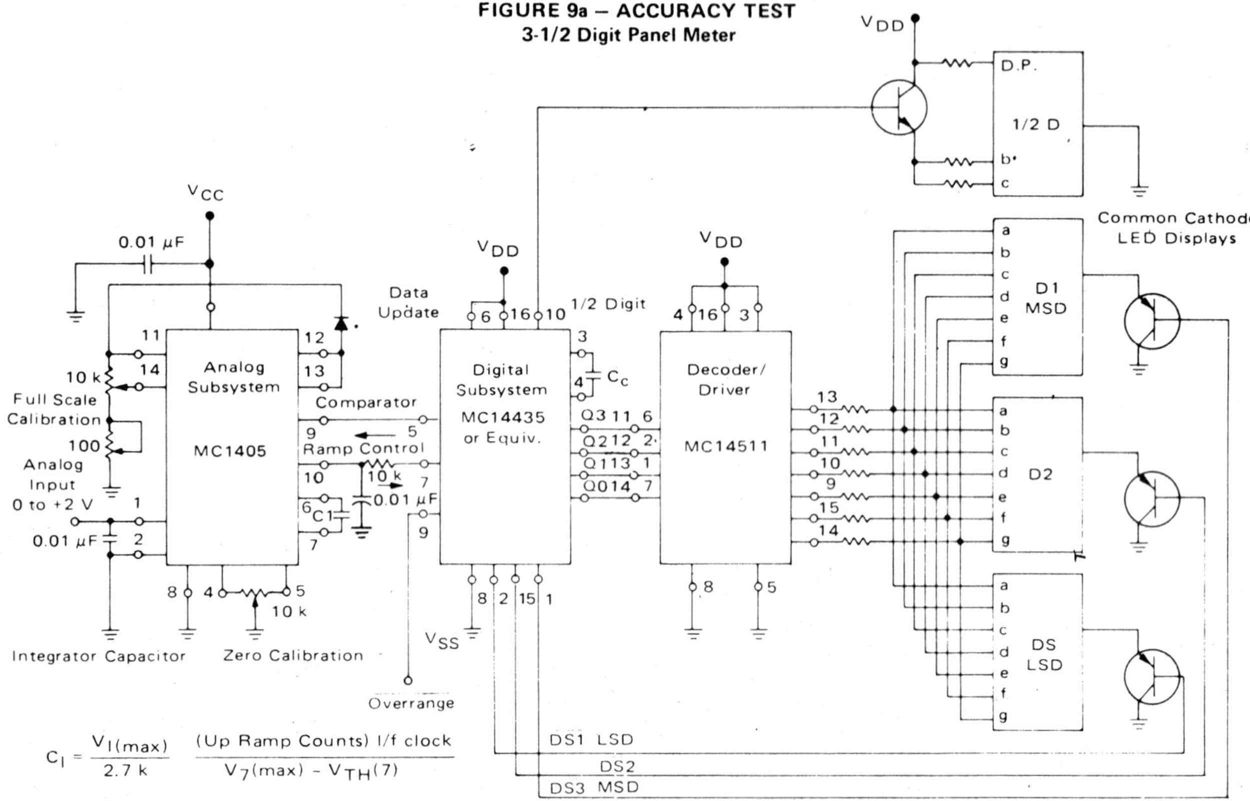

$$C_I = \frac{V_{I(max)}}{2.7\ k} \cdot \frac{(\text{Up Ramp Counts})\ I/f\ \text{clock}}{V_7(max) - V_{TH}(7)}$$

See Electrical Characteristics Table
V_7 (max) is typically V_{CC} - 2.0 V
$V_{TH}(7)$ is typically 1.0 V

•Optional Clamp diode on Pin 13, may be needed for recovery from negative differential inputs.

7-stelliger C MOS-Zähler ICM 7208

Der ICM 7208 von Intersil enthält einen 7-stelligen Zähler Decoder-Driver auf einem Schaltkreis. Er läßt sich als Frequenzzähler mit nur wenigen externen Bauelementen verwenden.

Die Betriebsspannung kann zwischen 2 und 6 V liegen. Wird der 7208 als Frequenzzähler benutzt, sollte der Oszillator-Kontrollbaustein ICM 7207 mit verwendet werden.

Anschlußbild 7208

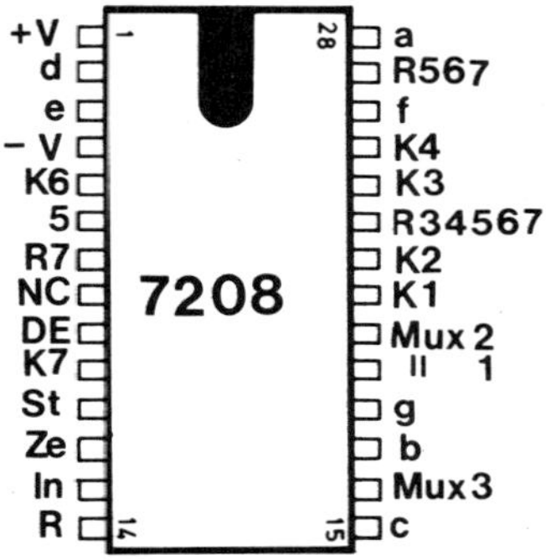

Anschlußbild 7207

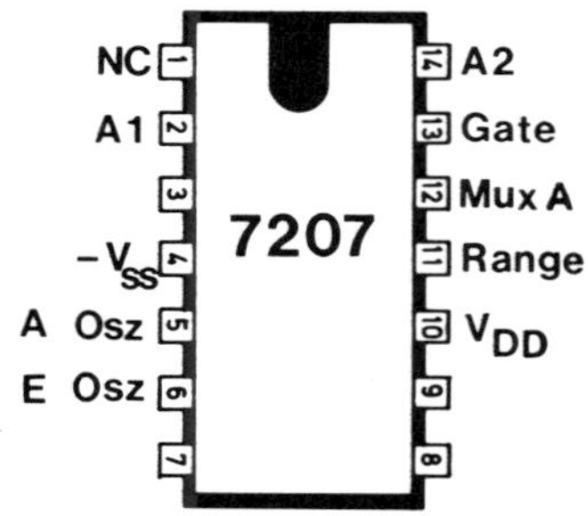

Einfache Zähler mit ICM 7208

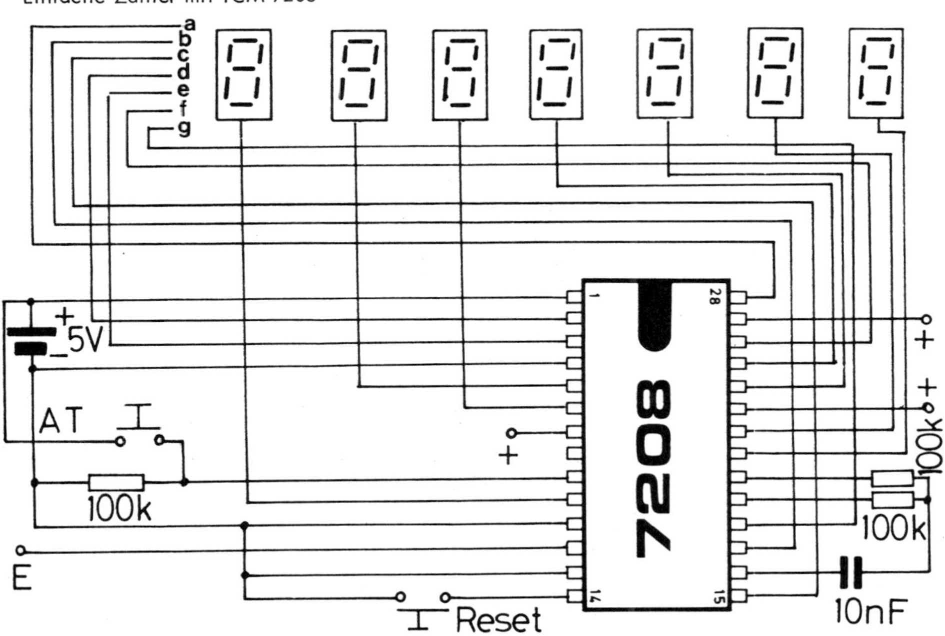

Frequenzzähler mit ICM 7208 und ICM 7207

Der integrierte Baustein ICM 7208 kann als Frequenzzähler verschaltet werden, wenn eine externe Frequenzreferenz und eine entsprechende Torschaltung vorhanden ist. Dies kann leicht dadurch erreicht werden, daß ein zusätzlicher Baustein, Typ ICM 7207 angeschaltet wird.

Wird ein Quarz mit der Frequenz 6,553, 600 Hz verwendet, ergeben sich 2 Meßbereiche. (0,01 sek. oder 0,1 sek.)

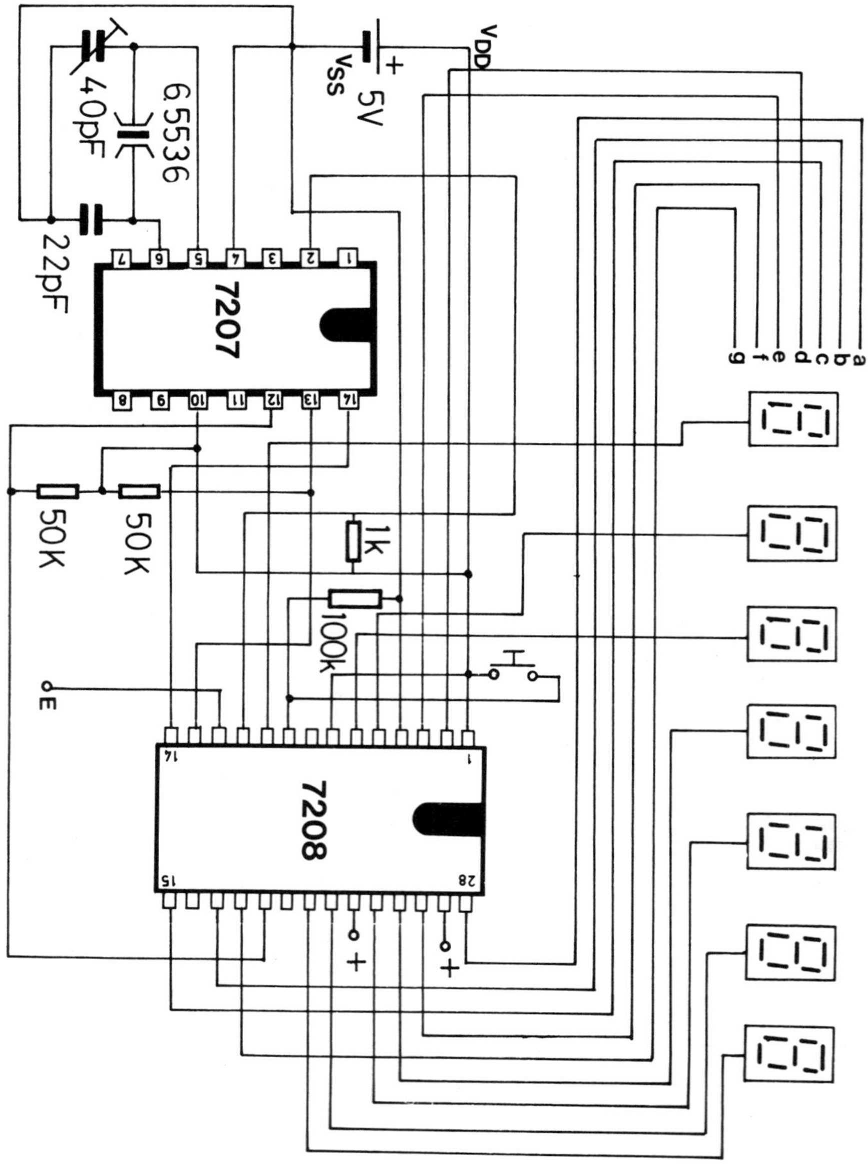

TTL-Schaltkreise der 74XX Serie - Eine Übersicht

7400	Vier NAND-Gatter mit je 2 Eingängen
74LS00S6	Vier NAND-Gatter mit je 2 Eingängen
7401	Vier NAND-Gatter mit je 2 Eingängen (o.K.)
7401 S1	Vier NAND-Gatter mit je 2 Eingängen (o.K., 15 V)
7401 S3	Vier NAND-Gatter mit je 2 Eingängen (o.K., 50 uA)
7402	Vier NOR-Gatter mit je 2 Eingängen
7402S1	Vier NOR-Gatter mit je 2 Eingängen
7403	Vier NAND-Gatter mit je 2 Eingängen (o.K.)
7403S1	Vier NAND-Gatter mit je 2 Eingängen (o.K., 15 V)
7403S3	Vier NAND-Gatter mit je 2 Eingängen (o.K. 50 uA)
7404	Sechs Inverter
74LS04S6	Sechs Inverter
7405	Sechs Inverter (o. K.)
7405S1	Sechs Inverter (o. K. 15 V)
7405S3	Sechs Inverter (o.K. 50 uA)
7406	Sechs invertierende Treiber (o.K., 30 V)
7407	Sechs Treiber (o.K.,30 V)
7408	Vier AND-Gatter mit je 2 Eingängen
7409	Vier AND-Gatter mit je 2 Eingängen (o.K.)
7409S1	Vier AND-Gatter mit je 2 Eingängen (o.K., 15 V)
7410	Drei NAND-Gatter mit je 3 Eingängen
74LS11	Drei AND-Gatter mit je 3 Eingängen
7412	Drei NAND-Gatter mit je 3 Eingängen (o.K.)
7413	Zwei NAND-Schmitt-Trigger mit je 4 Eingängen
7414	Sechs invertierende Schmitt-Trigger
74LS15	Drei AND-Gatter mit je 3 Eingängen (o.K.)
7416	Sechs invertierende Treiber (o.K., 15 V)
7417	Sechs Treiber (o.K., 15 V)
7420	Zwei NAND-Gatter mit je 4 Eingängen
74LS21	Zwei AND-Gatter mit je 4 Eingängen
7422	Zwei NAND-Gatter mit je 4 Eingängen
7423	Zwei NOR-Gatter mit je 4 Eingängen und Strobe
7425	Zwei NOR-Gatter mit je 4 Eingängen und Strobe
7426	Vier NAND-Gatter mit je 2 Eingängen (o.K., 15 V)
7427	Drei NOR-Gatter mit je 3 Eingängen
7428	Vier NOR-Leistungsgatter mit je 2 Eingängen
7430	NAND-Gatter mit 8 Eingängen
7432	Vier OR-Gatter mit je 2 Eingängen
7433	Vier NOR-Leistungsgatter mit je 2 Eingängen (o.K.)
7437	Vier NAND-Leistungsgatter mit je 2 Eingängen
7438	Vier NAND-Leistungsgatter mit je 2 Eingängen (o.K.)
7440	Zwei NAND-Leistungsgatter mit je 4 Eingängen
74LS42	BCD zu Dezimal-Decoder
7442A	BCD zu Dezimal-Decoder
7443A	Excess-3 zu Dezimal-Decoder
7444A	Excess-3 Gray zu Dezimal-Decoder
7445	BCD zu Dezimal-Decoder / Anzeigetreiber mit off. Koll.-Ausgängen (30 V)

Typ	Funktionsbeschreibung
7446	BCD zu 7-Segment-Decoder/Anzeigetreiber mit off. Koll.-Ausgängen (30 V)
7446A	BCD zu 7-Segment-Decoder/Anzeigetreiber mit off. Koll.-Ausgängen (30 V)
74LS47	BCD zu 7-Segment-Decoder/Anzeigetreiber mit off. Koll.-Ausgängen (15 V)
7447A	BCD zu 7-Segment-Decoder/Anzeigetreiber mit off. Koll.-Ausgängen (15 V)
7448	BCD zu 7-Segment-Decoder/Anzeigetreiber
74LS49	BCD zu 7-Segment-Decoder/Anzeigetreiber mit off. Koll.-Ausgängen (5,5 V)
7450	Zwei AND/OR/INVERT-Gatter mit je 2 x 2
7451	Zwei AND/OR/INVERT-Gatter mit je 2 x 2 bzw. 2 x 3 Eingängen
7453	Expandierbares AND/OR/INVERT-Gatter mit 4 x 2 bzw. 3 x 2 und 1 x 3 Eingängen
7454	AND/OR/INVERT-Gatter mit 4 x 2 bzw. 2 x 2 und 2 x 3 Eingängen
74LS55	AND/OR/INVERT-Gatter mit 2 x 4 Eingängen
7460	Zwei Expander mit je 4 Eingängen
74LS63	Sechs Stromsensoren
7470	J-K-Flipflop mit je 3 Eingängen, Preset und Clear
7472	J-K-Master-Slave-Flipflop mit je 3 Eingängen, Preset und Clear
7473	Zwei J-K-Flipflops mit Clear
7474	Zwei D-Flipflops mit Preset und Clear
74LS74A	Zwei D-Flipflops mit Preset und Clear
7475	Zwei 2-Bit D-Latches mit Enable
7476	Zwei J-K-Flipflops mit Preset und Clear
74LS78	Zwei J-K-Flipflops mit Preset, gemeinsamem Clear und gemeinsamem Clock
7480	1-Bit-Volladdierer
7482	2-Bit-Volladdierer
7483A	4-Bit-Volladdierer
7485	4-Bit-Vergleicher
7486	Vier EXCLUSIVE-OR-Gatter mit je 2 Eingängen
7488	32 x 8 Bit-ROM
7489	16 x 4 Bit-RAM
74LS90	Dezimalzähler
7490A	Dezimalzähler
74LS91	8-Bit-Schieberegister
7491A	8-Bit-Schieberegister
74LS92	Zähler bis 12
7492A	Zähler bis 12
74LS93	4-Bit-Binärzähler
7493A	4-Bit-Binärzähler
7494	4-Bit-Schieberegister mit Paralleleingabe und Clear
7495A	4-Bit-Schieberegister mit paralleler Ein- und Ausgabe
74LS95B	4-Bit-Schieberegister mit paralleler Ein- und Ausgabe

Typ	Funktionsbeschreibung
7496	5-Bit-Schieberegister mit paralleler Ein- und Ausgabe und Clear
7497	Synchroner programmierbarer 6-Bit-Binärfrequenzteiler
74100	Zwei 4-Bit-Latches mit Enable
74104	J-K-Master-Slave-Flipflop mit je 3 Eingängen, Preset und Clear
74105	J-K-Master-Slave Flipflop mit je 3 Eingängen, Preset und Clear
74107	Zwei J-K-Flipflops mit Clear
74109	Zwei J-K-Flipflops mit Preset und Clear
74LS109A	Zwei J-K-Flipflops mit Preset und Clear
74110	J-K-Master-Slave-Flipflop mit je 3 Eingängen, Preset, Clear und Data Lockout
74111	Zwei J-K-Master-Slave-Flipflops mit Preset, Clear und Data Lockout
74LS112	Zwei J-K-Flipflops mit Preset und Clear
74LS113	Zwei J-K-Flipflops mit Preset
74LS114	Zwei J-K-Flipflops mit Preset, gemeinsamem Clear und gemeinsamem Clock
74115	Zwei J-K-Master-Slave-Flipflops mit Clear und Data Lockout
74116	Zwei 4-Bit D-Latches mit Enable und Clear
74118	Sechs R-S-Latches mit gemeinsamem Reset
74119	Sechs R-S-Latches mit zusätzlichem gemeinsamem Reset
74120	Zwei Pulssynchronisierer / Treiber
74121	Monoflop mit Schmitt-Trigger-Eingang
74122	Retriggerbares Monoflop mit Clear
74123	Zwei retriggerbare Monoflops mit Clear
74LS124	Zwei spannungsgesteuerte Oszillatoren
74125	Vier Bus-Leitungstreiber (Tri-State)
74126	Vier Bus-Leitungstreiber (Tri-State)
74128	Vier 50-Ω-NOR-Leitungstreiber mit je 2 Eingängen
74132	Vier NAND-Schmitt-Trigger mit je 2 Eingängen
74136	Vier EXCLUSIVE-OR-Gatter mit je 2 Eingängen
74LS138	3-Bit-Binärdecoder/Demultiplexer (3 zu 8)
74LS139	Zwei 2-Bit-Binärdecoder/Demultiplexer (2 zu 4)
74141	BCD zu Dezimal-Decoder/Anzeigetreiber (60 V)
74142	Dezimalzähler, 4-Bit-Latch und BCD zu Dezimal-Decoder / Anzeigetreiber (60 V)
74143	Dezimalzähler, 4-Bit-Latch und BCD zu 7-Segment-Decoder / Anzeigetreiber (15 mA)
74144	Dezimalzähler, 4-Bit-Latch und BCD zu 7-Segment-Decoder / Anzeigetreiber (115 V)
74145	BCD zu Dezimal-Decoder / Anzeigetreiber mit off. Koll,-Ausgängen (15 V)
74147	Dezimal zu BCD-Prioritätsencoder
74148	Binärer 8 zu 3-Prioritätsencoder
74150	16 zu 1-Datenselektor / Multiplexer mit Invertièrendem Ausgang

Typ	Funktionsbeschreiburrg
74LS151	8 zu 1-Datenselektor / Multiplexer
74151A	8 zu 1-Datenselektor / Multiplexer
74153	Zwei 4 zu 1-Datenselektoren / Multiplexer
74154	4-Bit-Binärdecoder/Demultiplexer (4 zu 16)
74155	Zwei 2-Bit-Binärdecoder/Demultiplexer (2 zu 4)
74156	Zwei 2-Bit-Binärdecoder / Demultiplexer mit off. Koll.-Ausgängen (2 zu 4)
74157	Vier 2 zu 1-Datenselektoren / Multiplexer
74LS158	Vier 2 zu 1-Datenselektoren/Multiplexer mit invertierenden Ausgängen
74159	4-Bit-Binärdecoder/Demultiplexer (4 zu 16) mit off. Koll,-Ausgängen (50 uA)
74160	Synchroner programmierbarer Dezimalzähler mit Clear
74161	Synchroner programmierbarer 4-Bit-Dezimalzähler mit Clear
74162	Synchroner programmierbarer Dezimalzähler mit synchronem Clear
74163	Synchroner programmierbarer 4-Bit-Binärzähler mit synchronem Clear
74164	8-Bit-Schieberegister mit Parallelausgabe und Clear
74165	8-Bit-Schieberegister mit Paralleleingabe
74166	8-Bit-Schieberegister mit Paralleleingabe und Clear
74167	Synchroner programmierbarer Dezimalfrequenzteiler
74LS168	Synchroner programmierbarer Vorwärts-/Rückwärts-Dezimalzähler
74LS169	Synchroner programmierbarer Vorwärts-/Rückwärts-4-Bit-Binärzähler
74170	16-Bit Register-File mit off. Koll.-Ausgängen
74172	16-Bit Register-File mit Tri-State-Ausgängen
74173	4-Bit D-Register mit Enable, Clear und Tri-State-Ausgängen
74174	6-Bit D-Register mit Clear
75175	4-Bit D-Register mit Clear
74176	Programmierbarer Dezimalzähler
74177	Programmierbarer 4-Bit-Binärzähler
74178	4-Bit-Schieberegister mit paralleler Ein- und Ausgabe
74179	4-Bit-Schieberegister mit paralleler Ein- und Ausgabe und Clear
74180	9-Bit Prioritätsgenerator/8-Bit-Paritätsprüfer
74181	4-Bit arithmetische/logische Einheit, Funktionsgenerator
74182	Übertragseinheit für Rechen- und Zählschaltungen
74LS183	Zwei 1-Bit-Volladdierer
74184	BCD zu Binär-Kodeumsetzer mit off. Koll.-Ausgängen
74185A	Binär zu BCD-Kodeumsetzer mit off. Koll.-Ausgängen
74187	256 x 4-Bit-ROM
74188A	32 x 8-Bit-PROM
74190	Synchroner programmierbarer Vorwärts-/Rückwärts-Dezimalzähler
74191	Synchroner programmierbarer Vorwärts-/Rückwärts-4-Bit-Binärzähler
74192	Synchroner programmierbarer Vorwärts-/Rückwärts-Dezimalzähler mit Clear
74193	Synchroner programmierbarer Vorwärts-/Rückwärts-4-Bit-Binärzähler mit Clear
74194	4-Bit-Universalschieberegister mit Clear
74LS194A	4-Bit-Universalschieberegister mit Clear
74195	4-Bit-Schieberegister mit paralleler Ein- und Ausgabe und Clear
74LS195A	4-Bit-Schieberegister mit paralleler Ein- und Ausgabe und Clear
74196	Programmierbarer Dezimalzähler
74197	Programmierbarer 4-Bit-Binärzähler
74189	8-Bit-Universalschieberegister mit Clear
74199	8-Bit-Schieberegister mit paralleler Ein- undAusgabe und Clear
74LS200A	256 x 1-Bit-RAM
74LS202A	256 x 1-Bit-RAM
74LS214	1024 x 1-Bit-RAM
74221	Zwei Monoflops mit Schmitt-Trigger-Eingang und Clear

Typ	Funktionsbeschreibung
74LS240	Acht invertierende Bus-Leitungstreiber (Tri-State)
74LS241	Acht Bus-Leitungstreiber (Tri-State)
74LS242	4-Bit-Bus-Transceiver
74LS243	4-Bit-Bus-Transceiver
74LS244	Acht Bus-Leistungstreiber (Tri-State)
74LS245	4-Bit-Bus-Transceiver (Signetics 8T26A)
74246	BCD zu 7-Segment-Decoder/Anzeigetreiber mit off. Koll-Ausgängen (30 V)
74247	BCD zu 7-Segment-Decoder/Anzeigetreiber mit off. Koll.-Ausgängen (15 V)
74248	BCD zu 7-Segment-Decoder/Anzeigetreiber
74249	BCD zu 7-Segment-Decoder/Anzeigetreiber mit off. Koll.-Ausgängen (5,5 V)
74251	8 zu 1-Datenselektor/Multiplexer mit Tri-State-Ausgängen
74LS253	Zwei 4 zu 1-Datenselektoren/Multiplexer mit Tri-State-Ausgängen
74LS257	Vier 2 zu 1-Datenselektoren/Multiplexer mit Tri-State-Ausgängen
74LS258	Vier 2 zu 1-Datenselektoren/Multiplexer mit invertierenden Tri-State-Ausgängen
74259	Adressierbares 8-Bit-Latch mit Enable und Clear
74LS261	2-Bit x 4-Bit-Multiplizierer
74265	Zwei Inverter und zwei NAND-Gatter mit komplementären Ausgängen
74LS266	Vier EXCLUSIVE-NOR-Gatter mit je 2 Eingängen (o.K.)
74273	8-Bit D-Register mit Clear
74275	7-Bit Wallace-Tree-Element mit Tri-State-Ausgängen
74276	Vier J-K-Flipflops mit gemeinsamem Preset und gemeinsamem Clear
74278	Kaskadierbares 4-Bit-Prioritäts-Latch
74279	Vier R-S-Latches
74LS280	9-Bit-Paritätsgenerator/Paritätsprüfer
74283	4-Bit-Volladdierer
74284	4-Bit x 4-Bit-Multiplizierer mit off. Koll.-Ausgängen (40 uA) (zusammen mit SN74285)
74285	4-Bit x 4-Bit-Multiplizierer mit off. Koll.-Ausgängen (40 uA) (zusammen mit SN 74284)
74290	Dezimalzähler
74LS291	Synchroner programmierbarer Vorwärts/Rückwärts 4-Bit-Binärzähler
74293	4-Bit-Binärzähler
74LS295A	4-Bit-Schieberegister mit paralleler Ein- und Ausgabe und Tri-State-Ausgängen
74298	Vier 2 zu 1-Datenselektoren/Multiplexer mit Speicher
74LS299	8-Bit-Universalregister mit Clear und Tri-State-Ausgängen (kaskadierbar)
74LS300 A	256 x 1-Bit-RAM
74LS302A	256 x 1-Bit-RAM
74LS314	1024 x 1-Bit-RAM
74LS322	Kaskadierbares 8-Bit-Universalschieberegister mit synchronem Clear und Tri-State-Ausgängen
74LS323	Kaskadierbares 8-Bit-Universalschieberegister mit synchrom Clear und Tri-State-Ausgängen
74LS324	Spannungsgesteuerter Oszillator
74LS325	Zwei spannungsgesteuerte Oszillatoren mit komplementären Ausgängen
74LS326	Zwei spannungsgesteuerte Oszillatoren mit Enable und komplementären Ausgängen

Typ	Funktionsbeschreibung
74LS327	Zwei spannungsgesteuerte Oszillatoren
74LS347	´LS47 mit 7-Volt-Ausgang
74LS348	Binärer 8 zu 3-Prioritäts-Encoder (Tri-State)
74351	Zwei 8 zu 1-Datenselektoren/Multiplexer mit invertierenden Tri-State-Ausgängen
74LS352	Zwei 4 zu 1-Datenselektoren/Multiplexer mit invertierenden Ausgängen
74LS353	Zwei 4 zu 1-Datenselektoren/Multiplexer mit invertierenden Tri-State-Ausgängen
74LS362	Takttreiber für Mikroprozessor TMS 9900
74LS363	8-Bit D-Latch mit Enable und Tri-State-Ausgängen (MOS-uP Interface)
74LS364	8-Bit D-Register mit Tri-State-Ausgängen (MOS-uP Interface)
74LS365	Sechs Bus-Leitungstreiber mit gemeinsamem Enable (Tri-State)
74365A	Sechs Bus-Leitungstreiber mit gemeinsamem Enable
74LS366	Sechs invertierende Bus-Leitungstreiber mit gemeinsamem Enable (Tri-State)
74366A	Sechs invertierende Bus-Leitungstreiber mit gemeinsamem Enable (Tri-State)
74LS367	Sechs Bus-Leitungstreiber mit zwei Enable-Eingängen (Tri-State)
74367A	Sechs Bus-Leitungstreiber mit zwei Enable-Eingängen (Tri-State)
74LS368	Sechs invertierende Bus-Leitungstreiber mit zwei Enable-Eingängen (Tri-State)
74368A	Sechs invertierende Bus-Leitungstreiber mit zwei Enable-Eingängen (Tri-State)
74LS373	8-Bit D-Latch mit Enable und Tri-State-Ausgängen
74LS374	8-Bit D-Register mit Tri-State-Ausgängen
74LS375	Zwei 2-Bit D-Latches mit Enable
74376	4-Bit-J-K-Register mit Clear
74LS377	8-Bit D-Register mit Enable
74LS378	6-Bit D-Register mit Enable
74LS379	4-Bit D-Register mit Enable
74LS381	4-Bit arithmetische/logische Einheit, Funktionsgenerator (Mini-ALU)
74LS384	8-Bit x 8-Bit-Multiplizierer (AMD 25LS14)
74LS385	Vier 1-Bit-Volladdierer/Subtrahierer (AMD 25LS15) (AMD 25LS15)
74LS386	Vier EXCLUSIVE-OR-Gatter mit je 2 Eingängen
74LS388	4-Bit D-Register mit Clear (AMD 25LS18)
74390	Zwei Dezimalzähler
74393	Zwei 4-Bit-Binärzähler
74LS395	4-Bit-Schieberegister mit paralleler Ein- und Ausgabe, Clear und Tri-State-Ausgängen (kaskadierbar)
74LS396	8-Bit D-Register mit 2 x 4-Bit seriellen Eingabe und paralleler Ausgabe
74LS398	Vier 2 zu 1-Multiplexer mit Speicher
74LS399	Vier 2 zu 1-Multiplexer mit Speicher (AMD 25LS (AMD 25LS09)
74LS400	4096 x 1-Bit-RAM

Bücher über allgemeine Elektronik und Digitaltechnik

TBB – Transistor Berechnungs- u. Bauanleitungs-HB, Band 1
Verfasser: W. Hofacker ca. 300 Seiten

Völlig neu überarbeitete Auflage. Das Buch soll Ihnen bei der täglichen Arbeit im Labor, in der Werkstatt oder am Elektronik-Hobbytisch ein guter Begleiter sein. Berechnungsgrundlagen, Berechnungsbeispiele, Tabellen, Vergleichslisten, BASIC-Programme z. Berechnung spezifischer Schaltungen, usw. sind in übersichtlicher Form dargestellt. Aus dem Inhalt: Graphische Behandlung von Widerständen, Zenerdioden, Triacschaltungen, FET, Minisender, Miniempfänger, Schrittmotore u. deren Beschaltung, Metall- u. Leitungssuchgerät, Ultraschall Alarmanlage, Quarze, Anschlußbilder, u. v. a. m.

Best.-Nr. 1 **29,80 DM**

TBB – Handbuch, Band 2
Verfasser: W. Hofacker 129 Seiten

Dieses Buch ist die Fortsetzung des erfolgreichen Handbuches, Band 1. Ein Buch, das sich in der Hand des Praktikers bestens bewährt hat. Weitere neueste Schaltbeispiele und Berechnungsgrundlagen, Experimentier- und Versuchsbeschreibungen, integrierte Spannungsregler, Wärmeableitung, Operationsverstärker Einführung, RC-Zeitglieder, Transistortester u. v. a.

Best.-Nr. 2 **19,80 DM**

Electronic im Auto
Verfasser: H. Gebauer

Mit Handbuch für Polizeiradar. Ein Buch für jeden technisch interessierten Autofahrer. Es zeigt Ihnen die vielen Möglichkeiten zur Verbesserung von Sicherheit, Leistung und Fahrkomfort in Ihrem Auto. Thyristorzündung, Beschleunigungsmesser, Drehzahlmesser, Batterieladegerät, Alarmanl., usw.

Best.-Nr. 3 **9,80 DM**

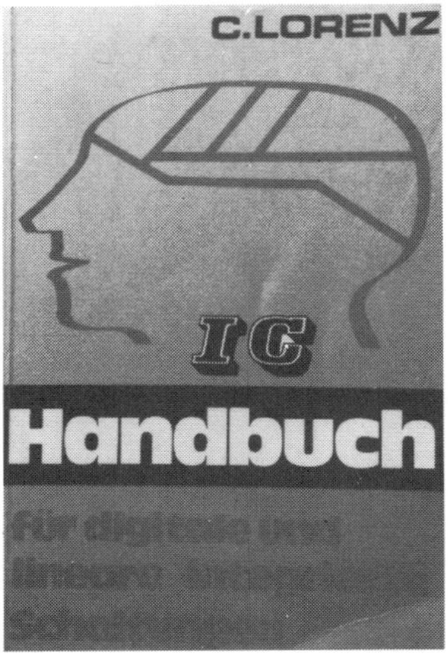

IC-Handbuch
Verfasser: C. Lorenz

Ein Handbuch f. digitale u. lineare integrierte Schaltungen. Daten- und Auswahl-, Vergleichslisten, Gehäuseformen, Grundlagen, viele Schaltbeispiele, Printvorlagen, u. v. a. Alles über TTL-Technik, C-MOS, MOS-Schaltungen, integrierte NF-Verstärker, u. v. a.

Best.-Nr. 4 — **19,80 DM**

IC-Datenbuch
D. Steinbach

Daten- und Auswahllisten der gebräuchlichsten integrierten Schaltkreise. Digital und Analog. Gerade bei ICs ist es wichtig, die Anschlußfolgen genau zu kennen. Die wichtigsten TTL-Schaltkreise, NF-Verstärker, C-MOS Serie, lineare Schaltungen wie Operationsverstärker, Komparatoren, Spannungsregler, Trigger-Schaltungen, u. v. a. Das IC-Datenbuch wird auch Ihnen ein unentbehrlicher Begleiter bei allen Arbeiten mit integrierten Schaltungen sein.

Best.-Nr. 5 — **9,80 DM**

IC Schaltungen -- TTL, CMOS, Linear
Verfasser: D. Steinbach

Auch den Hardware Freak haben wir nicht vergessen. Hier eine umfangreiche Schaltungssammlung m. vielen praktischen Schaltbeispielen. 150 Seiten voll mit wertvollen Informationen für den Hardware Experimenter. Aus dem Inhalt:
Zahlensysteme und deren Darstellung, logische Grundverknüpfungen, logische Symbole und Boolsche Algebra, Analyse logischer Schaltkreise, Experimente mit einfachen Verknüpfungsschaltungen, Logiktester, einfache Taktgeneratoren, TTL-Oszillatoren, Sirene m. NAND-Gattern, Frequenzverdoppler, Impulsmodulator, C-MOS Experimente, programmierbare Zeitgeber und Zähler, Frequenz Synthesizer, Tastendecoder, Digital Voltmeter, Dämmerungsschalter, Ton-Lichtumsetzer, Lügendetektor, Mischpult, und vieles mehr.
Eine echte Fundgrube für jeden Hardware Freak. Dieses Buch gehört in den Bücherschrank eines jeden PC Besitzers. Die Grundlagen am Anfang des Buches eignen sich ideal für den Einsteiger in die Personal Computer Hardware.

Best.-Nr. 6 — **19,80 DM**

Elektronik-Schaltungen zum Experimentieren
Herausgeber: HOFACKER ca. 170 Seiten

Hier finden Sie eine Zusammenstellung von interessanten Elektronik-Schaltungen. Eiswarner, Sex Tester, Alarmanlage fürs Auto und vieles mehr. Genaue Schaltpläne mit Anleitungen. Ca. 60 Schaltungen. So viel gute und getestete Schaltungen in einem Buch für diesen Preis hat es bisher noch nicht gegeben.

Best.-Nr. 7 19,80 DM

IC–Bauanleitungs – Handbuch – IC–KIT
Verfasser: C.Lorenz

Ein Bauanleitungs-Handbuch mit vielen hoch interessanten Bauanleitungen aus dem Bereich der LSI Schaltungstechnik. Schaltbeispiele mit Printvorlagen zum Selbsterstellen der Leiterplatten mit genauesten Beschreibungen. Netzteil, Funktionsgeneratoren, IC-Netzteil, sehr gute Einführung in die TTL-Technik, Flip-Flop Grundkurs, Oszillatoren, Logiktester, Selbstbau-Modem, Wanzenaufspürgerät, Mini Digital Multimeter und vieles andere mehr.

Best.Nr.8, 149 Seiten **DM 19.80**

Feldeffekttransistoren
Verfasser: C. Lorenz

Der Feldeffekttransistor (FET) gehört zu d. interessantesten Bauteilen überhaupt. Wie man damit experimentiert, wie man seine Funktion versteht und wie man damit brauchbare u. hochinteressante Schaltungen aufbauen kann, zeigt Ihnen dieses Buch. Grundlagen, Kennlinienfelder, Tabellen, Rechenbeispiele, Anschlußbilder und eine Vergleichsliste für Feldeffekttransitoren bilden den Kern dieser umfangreichen Darstellung. Alles in allem finden Sie hier eine praxisnahe und kompl. Arbeitsunterlage, mit der Sie im Beruf und auch im Hobby erfolgreich arbeiten können.

Best.-Nr. 9 9,80 DM

Elektronik und Radio
Verfasser: C. Lorenz

4. Auflage, völlig neu bearbeitet und stark erweitert. Eine Schritt für Schritt Einführung in die Radiotechnik mit vielen Bildern. Vom einfachen Diodenempfänger (Detektor) bis zu interessanten Sender- und Empfängerschaltungen (Minispione). IC-Radio, IC-Sender, Antennen, Berechnungsgrundlagen, Tabellen, u. v. a.

Best.-Nr. 10 19,80 DM

Bestellen
Sie direkt bei
Ing. W. Hofacker GmbH
Tegernseer Str. 18
8150 Holzkirchen

HEH, Hobby Elektronik Handbuch
Verfasser: C. Lorenz

Das Schaltungsbuch für jeden Hobbyelektroniker, Schaltbeispiele und Bauanleitungen aus dem gesamten Hobbybereich. Lichtorgeln, Alarmanlagen, Eiswarngerät für Auto, PLL-Schaltungen, u. v. a.

Best.-Nr. 13 9,80 DM

Operationsverstärker
Verfasser: C. Lorenz

Dieses Buch umfaßt das gesamte Gebiet der linearen Schaltungstechnik u. stellt ein in dieser Preislage bisher noch nie dagewesenes Nachschlagewerk u. Einführungsbuch dar. Bestens geeignet für das Selbststudium. Nach einer pädagogisch geschickt gemachten Einführung folgen theoretische Arbeitsunterlagen u. die zugehörigen Schaltbeispiele m. Daten u. Gehäuseanschlüssen. Dieses wertvolle Buch dürfte seinen Platz auch bei Ihren Arbeitsunterlagen finden, und wird dann immer von Nutzen sein, wenn es um die Lösung von nicht routinemäßigen Aufgaben geht.

Best.-Nr. 20 19,80 DM

Elektronik Grundkurs

Verfasser: C. Lorenz

Eine leicht verständliche und pädagogisch geschickt gemachte Einführung in die Technik der elektronischen Schaltungen. Ein Kurzlehrgang und Schnellkurs zugleich. Aber auch ein recht brauchbares Nachschlagewerk für den fortgeschrittenen Elektroniker. Mit wenig Mühe können Sie sich hier die Grundkenntnisse der elektronischen Schaltungspraxis aneignen. Das Buch schafft die Voraussetzungen für ein erfolgreiches u. sicheres Arbeiten mit interessanten Schaltkreisen modernster Technologien. Unentbehrlich für das Experimentieren mit den heutigen, modernen, hochintegrierten Schaltkreisen.

Best.-Nr. 23 **9,80 DM**

Digitaltechnik Grundkurs

Verfasser: M. Dreiling 134 Seiten

2. völlig neu bearbeitete Auflage. Kenntnisse aus der Digitaltechnik sind für das Verständnis der modernen Microcomputer-Technik unentbehrlich. Dieses Buch liefert Ihnen die notwendigen Grundkenntnisse der Schaltungsbeschreibungen und praktische Schaltungsbeispiele. Dieses Buch eignet sich bestens als Einstieg für den Hardware orientierten Personal Computer-Anwender. Das Buch liefert Ihnen die Grundprinzipien für alle PCs und trägt somit zum besseren Verständnis der eigentlichen Funktionen eines PC bei. Sehr empfehlenswert.

Best.-Nr. 21 **19,80 DM**

Oszillographen Handbuch

Verfasser: C. Lorenz 86 Seiten

Die Anwendung des Oszilloskopes in der Personal Computer Technik. Dieses Buch ist speziell für denjenigen geschrieben, der mit Lötkolben und Oszilloskop die Reise in das Innere seines Computers antreten möchte. Neben den wichtigsten Grundlagen der Oszillographentechnik finden Sie eine Erläuterung der Spezifikationen, sowie Messanleitungen an CPU und Speicherbausteinen. Die verzögerte B-Triggerung wird erläutert und mit einem Beispiel erklärt.

Best.-Nr. 103 **19,80 DM**

Notizen

Notizen